全球科技八巨頭 GAFA×BATH

一本書掌握最新產業趨勢，
殺出未來活路

田中道昭

堯嘉寧——譯

推薦序

在產業典範轉移的進程中，尋求新定位

詹文男

二〇一九年阿里巴巴天貓雙十一全球狂歡節，締造了單日交易總額二千六百八十四億元人民幣（約新台幣一・一兆元），創下了十一年來的新紀錄，比起去年二千一百三十五億元人民幣的成績又再成長了約二六％。而此風潮也帶動了台灣網購產業的銷售熱潮，許多市場商家的業績也呈現高度的成長。

事實上不單是網路購物，包括大數據、智慧化、行動網路、雲端運算，以及社交網路等關鍵創新技術應用不斷的進化下，人們的食衣住行育樂和社會各層面，都產生極大的變化。不僅產品及服務的功能被重新定義，更重要的是促成產業典範的轉移與競爭環境的改變！

而在網路典範轉移的進程中，我們觀察到 Google、Amazon、Facebook 及 Apple（簡稱 GAFA）等產業生態系逐漸取代 DELL、HP、IBM 等傳統個人電腦產業鏈，成爲當前科技創新與產業發展的標竿。而中國大陸的百度、阿里巴巴、騰訊及華爲（簡稱

BATH），在參考美國這幾個大廠的商業模式後複製到中國大陸，挾其國內廣大市場之助，將 GAFA 封鎖於其外，在大陸市場深根茁壯，並加以創新，目前已逐漸與 GAFA 分庭抗禮。

觀察 GAFA 的發展與布局可以得知，這些公司的策略雄心在於快速完善自家的網路生態體系。雖然，各家的切入方式看似不同，但其核心能耐卻極為相似：

首先，這些公司都有很強的軟體技術與整合能力，協助其建立網路平台與對應的應用服務；以 Amazon 為例，為了提升顧客的使用經驗，並提高客戶的滿意度及忠誠度，在電子商務應用科技上不斷的推陳出新，而且在使用者介面上讓消費者更方便，從早期的 Amazon Dash、Dash Button，到現在的智慧音箱 Echo、Echo Look，甚至無人商店 Amazon Go 及無人機送貨服務，在在令人驚豔！

消費者也可以透過 Amazon 語音助理 Alexa，使用生態系參與業者開發的應用服務，例如透過 Alexa 播放音樂、詢問天氣、收聽新聞、建立購物清單、呼叫 Uber、訂購披薩等。也就是運用所謂的樂高式組合創新概念，讓所有的應用服務業者的各種技術能如積木一般，很容易的嵌入此一生態系統。所有的廠商在一個共通的平台上，透過有效率的協作，將一塊塊的積木連結與拼湊起來，彼此分工互補，共同組合成更具完整功能的產品與服務，在降低成本之餘，也善用外部的力量，借力使力。更可貴的是，其不僅降低創新的失敗率與成本，更可因此激盪出多元的商業模式。

其次，GAFA都有一群重度使用者（lead user），例如Google的工程師、Amazon的作家及雲端運算使用者、Facebook的意見領袖、Apple的果粉與藝術工作者。透過這群重度使用者不斷創新產品的規格、功能與型式，並且進行體驗與口碑的創新擴散；再者，GAFA都有很強的巨量資料分析能力，能夠精準預測使用者的未來可能需求，以發展相對應的產品及服務；最後，這些公司都擁有橫跨軟體、硬體、內容、服務、終端與雲端，並且同時服務企業市場與消費市場的持續創新能力。

這幾個要素，促進GAFA各自的生態體系呈現出正向循環，吸引軟體或服務的第三方開發者，或其他周邊次產業聚集在GAFA的平台上，共同參與創新，甚至與重度使用者對接，大幅縮短創意到創新的流程，引發更多可能的新創商業模式。

而中國大陸的BATH，在吸收GAFA的商業模式精髓之後，因應大陸本土市場的特性做出在地化的改變，開展出另一番有別於GAFA的新風貌，更創造了大陸網路經濟的高潮，也逐漸威脅到GAFA的地位。

就台灣產業的未來發展而言，前述的網路典範轉移造成台灣資訊代工產業面臨的轉型問題，因而更爲棘手，一方面要面對過去品牌大廠的轉型需求與壓力，一方面得配合GAFA及BATH等新典範的網路商業模式。雖然，台灣仍然具有產品製造的群聚優勢，但是由於GAFA與BATH之間的平台式競爭與布局，使得科技產業的競爭核心，發生根本性的改變，從產業供應鏈與群聚，轉變爲網路生態體系與社群。

亦即未來的科技產品需要更能滿足特定社群的需求，多樣少量的趨勢將更爲明顯。而且生態系的競爭壁壘將更爲分明，一家代工廠將很難同時對應不同的生態體系，更重要的是融入每個生態系之後的移動障礙會提高。這樣的改變，不僅讓代工轉品牌的發展策略變得更爲困難，也讓擅長創造產品功能、遜於定義使用者規格的台灣產業，在對應GAFA（或BATH）生態體系與社群創新需求的時候，顯得力有未逮，甚至找不到有利的定位。如何洞悉GAFA與BATH的策略雄心，找到具相對優勢的切入點，遂成爲產業未來布局的關鍵。

而各位讀者手中的這本《全球科技八巨頭GAFA╳BATH：一本書掌握最新產業趨勢，殺出未來活路》，就是分析這八巨頭未來發展的著作。作者田中道昭是大學教授，也是上市企業的董事，更是一位專業的行銷顧問，透過他在產業實務與管理理論上的經驗，加上運用中國謀略家孫子的兵法要領所建立的五因子分析架構，所謂的「道、天、地、將、法」，為讀者剖析這八巨頭事業的布局，及可能面臨的風險與挑戰。關心數位經濟發展動向、想掌握網路產業未來趨勢，及想了解美中產業競局的讀者，千萬不要錯過此書！

（本文作者為現任資策會產業情報研究所（MIC）所長／博士）

前言

談未來怎麼少得了GAFA和BATH？

美國和中國的超大型科技（頂尖技術）企業——分別以**GAFA**（美國的谷歌〔Google〕、蘋果〔Apple〕、臉書〔Facebook〕、亞馬遜〔Amazon〕）和**BATH**（中國的百度〔Baidu〕、阿里巴巴〔Alibaba〕、騰訊〔Tencent〕、華爲〔Huawei〕）爲代表——各自的動向都對現今的全球經濟影響甚鉅。其策略和最新技術都會牽動產業的發展，如果哪一間公司發生了「危機事件」，也會引發「○○衝擊」，進而造成全球股價同時下跌……幾乎可以說沒有什麼人或國家可以置身事外於這些高科技企業的影響。

美國企業以先驅者之姿在一開始先確保了利益，中國企業緊接其後，以模仿者的姿態展開了事業。但是在多數領域，中國的高科技企業不論技術本身，或是爲了解決社會課題所做的研究開發上，都足以威脅「正宗」的地位了。

美中貿易戰在二〇一八年春季突然浮出檯面。我認為可以把雙方貿易戰的本質看作是「貿易 × 科技霸權 × 安全保障」三方面的戰爭。從表面上看來，貿易戰本身可能會比較快結束，不過科技霸權和安全保障的戰線大概就會拉得很長了。這些都將在後文詳述，不過，正因為中國企業在尖端科技上對美國造成了很大的威脅，才會讓這場戰爭突然浮上檯面吧！

將八間企業分類、比較

本書書名已經提出要分析 GAFA 和 BATH 代表的八間美國和中國高科技企業，而在實際分析時，我會先依據商業領域分類，再進行比較，如下：

- Amazon 與阿里巴巴（皆從電子商務起家）
- Apple 與華為（皆從製造商起家）
- Facebook 與騰訊（皆從社群網站起家）
- Google 與百度（皆從搜尋服務起家）

分類之後進行比較，是本書的重要特徵之一。透過「比較」（比較的本質是爲了分析），我們對於現今最具指標性的美國與中國的八間高科技企業，便能夠有較爲深入且全面的理解。必須充分比較八間企業，或是四間、三間、兩兩相較才能夠發現的事情，絕對不在少數。

一定有人**當然知道GAFA和BATH的存在，但卻又講不太出來這些公司的主業到底是什麼？擅長什麼？**

因此本書在分析時，首先會淺顯的說明「好像知道、其實又不太清楚」的部分，也就是各企業的基本事業結構，接著便用我獨特的**「五因子方法」**來解析各企業的經營策略。這個方法是將中國古代的策略書《孫子兵法》當中最重要的要素「五事」：「道」「天」「地」「將」「法」，根據現代管理學的觀點，重新建構、詮釋而成的。我將在〈緒論〉中詳細說明這個方法。

其後的第一章到第四章將綜合探討**各企業與各產業的最新動態和今後的發展**。

第五章，我會用「ROA」（總資產額報酬率圖表）**綜合分析這八間企業，同時分析美中新冷戰**。對於一般商業人士而言，美中新冷戰絕對算不上好事，只要牽涉其中應該沒有絕對的贏家。不過如果仔細分析這場戰爭結構，還是可以知道正是因爲過去在國與國、產業與產業、企業與企業、人與人之間一直有連結，所以才會出現分裂的趨勢。本書從此問題意識出發，在分析這八間企業時，也會對政治、經濟、社會、技術四個領域同時展開策略分析（PEST分析）。最後一章將討論**GAFA×BATH時代所帶來的啓示**。該章的關鍵字是重新設定目標和策略的要義。

藉由八間企業的分析可以讓我們看到什麼？

選擇美國和中國這八間高科技企業進行分析，意義到底何在？我認爲具有以下五種意義。

①理解「平台的霸權之爭」

這八間企業大部分都被稱爲「平台」，在各自的領域擴大自己的經濟圈。所謂的平台原本就是台、底座、根基的意思。「在進行商業和發布資訊的事業中，爲第三者提供基礎平台的產品、服務、系統的企業」就叫做平台。**這些企業應該會在今後的商業中承擔最重要的角色**，分析這八間企業，在了解全球產業變遷的議題上絕對不可或缺。

②掌握「已經創造出先驅者利益的中國勢力動向」

中國的高科技企業從模仿開始起步，但是現在已經可以**獨自帶動創新**，並創造出新的價值了。中國勢力一方面擁有後進者的利益，但是也創造出先驅者的利益，其後的一連串動向勢必需要高度關注。

③發現「同樣的產業領域為何會出現不同的進化歷程」

如前所述，本書會挑出「從同樣的產業領域出發」的一個美國和一個中國企業，分成同一類。以騰訊爲例，騰訊和 Facebook 同樣從社群網站起家，但是後來卻發展出許多產業，展現了不可輕忽的存在感，爲什麼從同樣產業出發，卻會有不同的成果呢？探討各企業**根據什麼基礎而決定展開事業的方向和速度**，也具有重大的意義。

④預測「產業、社會、科技、企業應有的未來」

藉由分析這八間企業，我們可以理解其主要產業的動向和近期未來的狀態。不論是電機、電子、通訊、電力、能源、汽車、娛樂……現在的主要產業動向都與GAFA、

BATH的方向相似，如果想要預測主要產業在近期未來的發展，本書的分析也是絕不可少的過程。

除此之外，甚至也可以讀出社會全體的動向和近期未來的狀態。這八間企業分別在各自的領域中，透過自己的企業與社會問題互相對抗，並且產生了新的價值觀。**「要自由，還是要管制」「要擁有，還是要分享」「要開放，還是要封閉」**，在預測這些社會方向和價值觀時，本書的分析也很重要。

當然，還有對理解科技的動向和近期未來的狀態也頗具意義。具體的例子有AI（人工智慧）、物聯網、5G、VR（虛擬實境）/AR（擴增實境）等。尤其是在AI這個最重要的科技中，AI語音助理軟體已經進入普及階段，AI也達成了汽車的自動駕駛等，這八間企業的動向堪稱與尖端的科技動向幾乎雷同。

另一個重點便是透過對這八間企業的分析，我們可以理解企業的動向和其近期未來的狀態。各企業的策略和面對的課題，例如他們揭櫫的大膽展望、高速的PDCA（循環式品質管理）、獨占平台的大數據和對隱私權問題的意識高漲等，勢必對其他**所有企業，不論行業、規模為何，都會帶來極大的啓示**。

⑤理解「我們的未來」

分析GAFA和BATH的最後一層意義便是可以藉此找出**國家和企業的活路**。

過去日本堪稱爲科技的代名詞。然而隨著「電機、電子立國」走向失敗，汽車產業成了最後堅守的堡壘。不過隨著汽車產業也被捲入不同行業之間的戰爭，整個產業的秩序發生劇烈的變化。因此，如果要找出國家和企業的活路，對這八間企業的分析絕不可少。

舉例來說，如果我們觀察美國科技公司所涉入的產業，在制定國際規範的做法上，就會發現這些規範並不是「從一開始存在」。

首先，美國的平台企業會自行定義出要透過事業對抗什麼社會問題，並且針對這些問題徹底思考能夠以自家的產品和服務，提供什麼解決對策，且展示給顧客和社會了解，用了自家的新企業和商品，可以解決什麼問題，又會產生什麼新價值。如果在現有的法律和規範框架內難以實現，就必須主動思考是否需要其他的規範，先在業界內確定規範，然後再向政府推動，甚至還需要將觸角伸向其他國家，例如美國現在對自動駕駛的相關規範就是這樣制定出來的。他國企業也必須向美國和中國的高科技企業學習這樣的做法。

認知到以上五種意義之後，讀者可以從以下三個觀點出發，研讀本書。

·以美國和中國這八間高科技企業爲基準，進行分析和參考

·與這八間企業有直接競爭關係的企業可以藉此思考對策

·立足於對這八間企業的分析，精進自己企業的策略

本書也可以當成策略和領導力的「教科書」

我在二〇一七年出版了《亞馬遜二〇二二：貝佐斯征服全球的策略藍圖》，二〇一八年則是《二〇二二年的新世代汽車產業》（2022年の次世代自動車產業）。《亞馬遜二〇二二》是針對對國家和社會皆帶來重大影響的Amazon，從我的專業「策略與行銷」和「領導策略與任務整合」的觀點，來分析企業戰略，並且預測其近期未來的發展。《二〇二二年的新世代汽車產業》則是分析了下一個世代的汽車產業戰爭布局，拆解各大公司的策略，並且解釋相關科技，探討日本的活路何在。除了對書中主題感興趣的讀者之外，這兩本書的讀者還廣及與書中企業有競爭關係的員工，甚至還有完全不同行業的企業經營者和商業人士。

本書也針對各行各業的讀者和學生而寫，並且選擇以GAFA和BATH爲主題，煞費苦心的希望能夠成爲「策略與行銷」和「領導策略與任務整合」的教科書。這本書裡分析了美國和中國的八間高科技企業，是一本**企業策略和領導力**、**任務執行的「教科書」**，這也是我書寫本書的重要目的之一。

如同我一開始所說，今天要談論未來，絕對少不了GAFA和BATH。如果同時觀察這八間企業，不僅可以產生問題意識，還能重新感受到自己的任務。

本書不僅希望能爲各位讀者的學習狀態和每天的工作有所助益，也熱切希望能夠對國家、企業的活路多少有點貢獻。

二〇一九年三月

田中道昭

目次

第一章

Amazon × 阿里巴巴

第二章

Apple × 華為

第三章

Facebook ╳ 騰訊

第五章

GAFA×BATH

序章

用「五因子方法」分析高科技企業

最適合掌握整體面貌的方式

對高科技產業的整體面貌感到「好像知道其實又不太清楚」

本書目的在於了解這八間高科技企業的策略，並且將八間企業分類，放在適當的座標軸上比較，學習其企業策略和領導策略、任務整合。不過，要**了解高科技企業的整體面貌，並且放到適當的座標軸上比較，並非易事**。不論是哪一間企業或產業領域，一定都包含甚廣，我們不太可能全面、詳細的理解，如果只探索新發售的產品和服務，可能也無法看到「這間企業實際上在做什麼」「他們擅長什麼」「今後要發展的主要產業是什麼」。即使有些人「知道每一間公司的名字」「對於該公司在做什麼也大概有個印象」，但是如果要他們「說明一下這些公司的整體面貌」，說不定很多人都講不出來。

稍加檢視各家高科技企業的事業版圖，就會發現他們都在某個領域發展出非常類似的產品和服務。以ＡＩ語音助理軟體爲例，就有 Amazon 的「Amazon Alexa」、Google 的「Google 助理」、Apple 的「Siri」、百度的「DuerOS」、阿里巴巴的「AliOS」，各間企業都有在類似概念下所發展出來的服務，也互相交鋒。雲端服務和支付服務也是如此。如此一來，你可能不太容易掌握提供類似服務的各間公司的內部定位和現狀。

另一方面，近年來高科技企業之間明顯有運用「大數據×ＡＩ」，提升公司服務迎合時代尖端的趨勢，不過，具體來說到底要如何推動「大數據×AI」的運用，各企業的方向又不太一樣。有些人可能大概知道各個企業之間的對比，但是如果被問到**「爲什麼會產生這些差異」「應該如何解讀各企業的方向」**，可能也沒有辦法馬上回答吧！

無法只用現有的模型來分析高科技企業

分析企業策略時，通常會用到各種模型。大家應該都常把模型套用到商業實務上吧！例如「SWOT分析」就是以「外部環境」「內部組織」爲縱軸，觀察其「優勢」「劣勢」「機會」和「威脅」；要觀察企業周遭的大環境時，則會用「PEST分析」，縝密的對「政治」「經濟」「社會」和「技術」四項因素進行分析。針對市場行銷，最著名的便是調查「顧客」「競爭者」「自家公司」的「3C分析」。但是，**如果只用幾個現有的模型，要理解這些規模甚至不輸給國家的高科技企業，還是很難理解這些公司的整體面貌**。因此，我考慮如果要一次網羅、分析這些國家等級的企業，就想到了前文稍微提到的**「五因子方法」**。

「五因子方法」：應用《孫子兵法》的策略分析

五因子方法是基於中國古代的戰略書《孫子兵法》，可能有人會懷疑「這麼古老的東西，對於分析高科技企業會有幫助嗎」？不過《孫子兵法》的確到現在還經常被應用在軍事戰略和企業策略上，據說在企業界，軟體銀行集團的孫正義會長就深受其影響。

孫子云：**「一曰道，二曰天，三曰地，四曰將，五曰法。」**打仗時，這五個因子就是判斷戰力優劣的關鍵。這種想法亦可直接套用到現代的企業經營策略。因此，本書所提出的五因子方法就是把這「五事」：「道」「天」「地」「將」「法」，根據現代管理學的觀點重新編排。以下分別來看孫子所謂的「道」「天」「地」「將」「法」要如何置換到企業經營的領域中。

所謂的「道」是指「企業應該如何存在」的宏觀設計。具體來說，包括「任務」「展望」「價值」「策略」。其中最重要的就是企業的「任務」。如果要分析一個企業至今爲止的發展和預估今後的方向，勢必要了解這個企業的任務，是否在思考公司的存在意義。還要知道企業的任務是否明確、是否反映在產品和服務中，以及從企業高層到一般職員，也就是全體員工是否經常把達成任務這件事放在心上，我們才能夠分辨這個企業的優勢或弱勢。

而卓越的組織一定會具備可以支撐策略的「天」和「地」。

「天」是指因應外部環境變化規畫出來的「動態策略」。要在競爭中搶先一步預測世界的中長期變化，並且有計畫的實現較大的目標。這項企業分析是關注企業「在多大程度上可以順應潮流、快速變化」。而在一般的模型中，則是將 SWOT 和 PEST 當成分析外部環境的工具。

「地」是指「地利」。孫子認爲應該要按照環境改變戰術，環境包括：戰場與我軍陣地距離的遠近、寬闊或狹窄、是山地還是平地、我軍的強項是否得以發揮。也就是善加利用有利的環境，想辦法彌補不利的環境。在企業分析中，則是要釐清產業結構和競爭優勢、布局策略等「地利」，並且要關注如何配合這些條件作戰、應該在哪些產業領域中展開事業。一般的模型除了 3C 分析之外，還可以使用管理學家麥可．波特（Michael Porter）對產業結構的「五力分析」（5 forces analysis），五力分析是指要掌握「進入障礙、買方的議價能力、供應商的議價能力、替代品的威脅和現有競爭者的威脅」。

「將」與「法」是指在實際執行策略時相輔相成的兩大支柱。從管理學的角度來看，可以分別對應到**「領導力」**和**「管理能力」**。兩者均爲動員人員和組織的手段，這是其共通點，相異點則在於領導力是以「人對人」的交流來提高動機，讓人和組織動起來，而管理能

分析技巧「五因子方法」

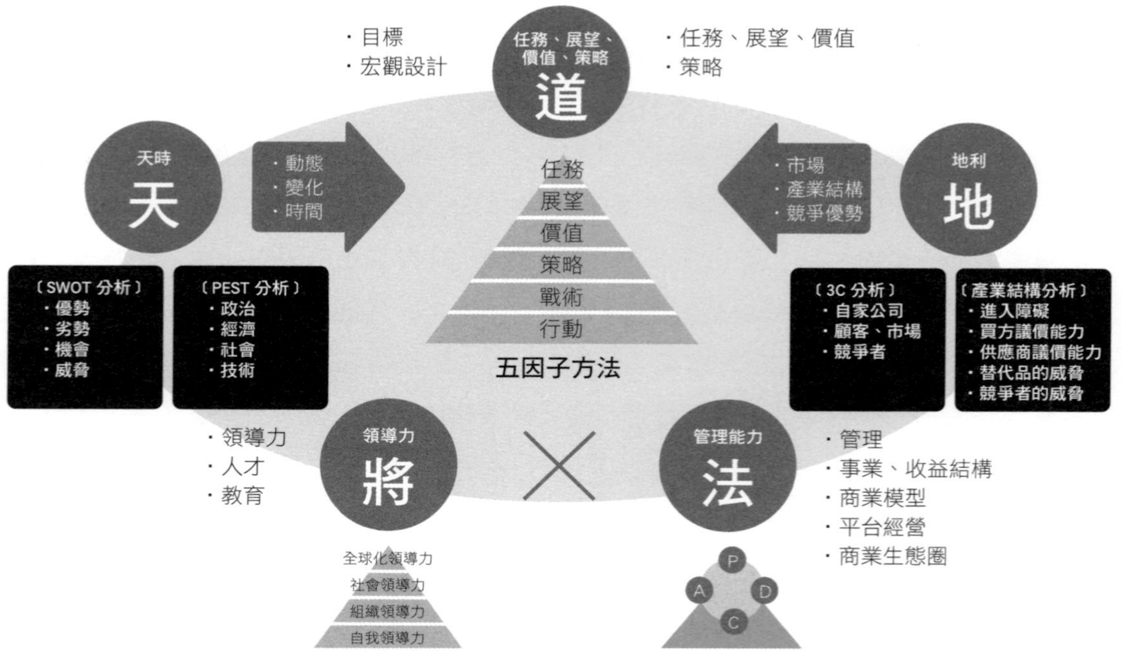

・目標
・宏觀設計
任務、展望、價值、策略
道
・任務、展望、價值
・策略
天時
天
・動態
・變化
・時間
任務
展望
價值
策略
戰術
行動
五因子方法
・市場
・產業結構
・競爭優勢
地利
地
〔SWOT 分析〕
・優勢
・劣勢
・機會
・威脅
〔PEST 分析〕
・政治
・經濟
・社會
・技術
〔3C 分析〕
・自家公司
・顧客、市場
・競爭者
〔產業結構分析〕
・進入障礙
・買方議價能力
・供應商議價能力
・替代品的威脅
・競爭者的威脅
・領導力
・人才
・教育
領導力
將
管理能力
法
・管理
・事業、收益結構
・商業模型
・平台經營
・商業生態圈
全球化領導力
社會領導力
組織領導力
自我領導力
P
D
C
A

力則是從結構層面去動員。從領導力的觀點出發，是要看企業高層怎麼發揮領導能力、組織又會期待何種領導策略。而管理能力則是除了事業結構、收益結構和商業模型之外，還要確認企業建構的平台經營和商業生態圈等。

以這種方式分析「道」「天」「地」「將」「法」五個因子，便可以從各個角度檢驗企業的宏觀和微觀兩個面向，對於規模龐大、產業領域甚廣的高科技企業，也不難掌握其整體面貌和局部細節。

另一方面，用五因子方法分析高科技企業，即使只針對一間公司，報告集結起來也都可以超過一本書的篇幅。事實上，我用這個方法分析 Amazon 的成果即為《亞馬遜二〇二二》一書。

另一方面，本書主要著眼點在於對美國和中國這八間高科技企業，掌握每間公司的大框架、釐清重點，配合最新資訊進行比較和分析，因此，**「道」最重要的就是「任務」**；**「天」最重要的是「為了實現道（任務）的適時策略」**；**「地」則是各企業的「事業領域」**；**「將」是「各企業高層的領導力」**；**「法」的主要著眼點則為「事業結構、收益結構」**。用五因子方法仔細分析的結果就是以上頁的模型對每一間公司進行的圖解，謹供各位讀者參考。

那麼，下文就將正式展開對於美國及中國的八間高科技企業的分析。

第一章

Amazon × 阿里巴巴

Amazon 經濟圈與
阿里巴巴經濟圈的對戰

本章宗旨

Amazon 帶來的影響不容小覷，就像是「Amazon 死亡指數」（Death By Amazon）這個說法便象徵了對於某些產業和企業而言，Amazon 奪去了他們的顧客和利益，對他們趕盡殺絕。而在另一方面，中國的網路企業：阿里巴巴集團則與巨人 Amazon 分庭抗禮，甚至在某些產業領域凌駕於 Amazon 之上。以全世界來看，Amazon 和阿里巴巴的經濟圈互相碰撞的圖像已經浮上水面了。

不論是 Amazon 或阿里巴巴，都已經不再只是電子商務企業了。他們建構的巨大平台擴及生活中的各個面向，成了實實在在的巨人，不是任何一間企業或財團能夠與之爭鋒。

Amazon 從北美發跡之後，一路進軍歐洲和日本，未來的關鍵應該是能否繼續在亞洲取得勝利。而對於已經在中國取得壓倒性地位的阿里巴巴來說，打倒 Amazon 的關鍵在於，是否能夠在亞洲擴張之後，又成功取得日本和歐洲市場。

本章會先解說 Amazon 和阿里巴巴的企業結構和現狀，然後以五因子方法分析兩間企業的策略，並且看出他們的未來展望。

01

Amazon 的企業實際狀況

從電子商務轉向「什麼都賣的公司」

如果被問到「Amazon 的本行是什麼」，大家會怎麼回答呢？應該有不少人認為 Amazon 經手的商品項目五花八門，服裝和生鮮食品什麼都有，印象中「Amazon 就是電子商務企業」吧！

不過，應該也有很多人知道 Amazon 現在已非單純的零售企業了。Amazon 從網路書店起家，營業項目漸漸擴大到家電和服裝、生鮮食品等，甚至把觸手伸向電子書籍和影片發行等數位內容，成了「什麼都賣的商店」（everything store）。現在還把**事業範圍擴大**到物流和雲端運算、金融業等，進一步**變身為「什麼都賣的公司」（everything company）**。

從近年來受到矚目的服務所觀察到的事

所謂「什麼都賣的公司」到底是指什麼？讓我們具體來討論吧！

Amazon 每天都會發布新的服務項目。逐項討論當然也很有趣，但如果要掌握 Amazon 的整體面貌，釐清近年來受到矚目的服務，應該還是大家比較容易理解的做法。

我會挑選、具體說明幾項在初步了解 Amazon 服務時，必不可少的項目（圖 1-1）。我們可以藉此知道 Amazon 是何種企業。

◆雲端服務「Amazon 雲端運算服務」

「Amazon 雲端運算服務」（Amazon Web Services，AWS）現在占了 Amazon 的**營業額大約一成**。AWS 建立在 Amazon 爲自己公司建構的 IT 基礎設施之上。Amazon 善加利用了自家的 IT 技術，發展出 AWS 這個網路服務，並且在二〇〇六年**公開，供其他企業廣泛使用**。

企業使用 AWS，便無需伺服器就能在自家公司架構系統，也不需要定期維護，更不必煩惱網路安全，而且可以只在必要的時間才使用需要的服務，藉此節省系統成本。

ＡＷＳ的優點還不只這些。Amazon的服務基本理念是「得到所有需要的東西」，對ＡＷＳ的開發也是基於這個想法。人們一開始以爲ＡＷＳ只是某種雲端運算，不過其實它除了運算和儲存、連線作業、資料庫之外，近年來也開始提供資料分析、物聯網、ＡＩ等企業所需的ＩＴ資源。ＡＷＳ當然可以分析龐大的資料，並得到新的「知識」，還能運用這份「知識」讓ＡＩ「思考」，因此**Amazon這間企業就變成爲全世界提供「大數據×ＡＩ」的平台**了。

從Amazon的網站上，可以看見ＡＷＳ已經遍及全球二十一個在地理上獨立的「區域」和六十一個獨立資料中心所在的「可用區域」，未來還將增加四個「區域」和十二個

圖1-1

Amazon的事業結構：商業模式的階層結構

商品、服務、內容	服裝時尚　生鮮食品　Prime Video　「Skill」 書籍、雜貨、家電等　數位發行　娛樂　全食超市 尊榮會員（Prime）服務
平台	電子商務網站　Kindle　Amazon Echo　網路市集
商業生態圈	Amazon Alexa　Amazon Go
金融	信用卡　Amazon Lending　Amazon Pay　FinTech（金融科技）
物流	**FBA**　無人機快遞服務
雲端運算	**AWS**　AI

「可用區域」。例如在二〇一九年三月，東京「區域」中便有四個「可用區域」，而新加坡「區域」則有三個「可用區域」。從這些數字中，便可以了解 AWS 在多大的範圍內提供了服務。

在 Amazon 的日本網站中，可以看到日本國內使用 AWS 的例子，包括三菱日聯銀行、全日空航空公司，和網路公司 DeNA 等著名企業。

◆B to C 的電子商務平台「網路市集」

Amazon 本身是零售企業之外，還提供了「網路市集」（Marketplace）這種開設商店的服務。Amazon 開放賣家（販售者）在 Amazon 的網站上架、販賣商品，並提供販售者 **FBA**（Fulfillment by Amazon）的代寄服務，此項服務是指賣家的商品配送方欄位會寫上 Amazon，這表示賣家原本負責的存貨保管、訂單處理、配送業務等，都由 Amazon 代爲處理。賣家的商品從放進 Amazon 的倉庫中保管，到接受訂單、處理發貨爲止，販售者都可以委由 Amazon 代管，並且爲顧客提供「當日到貨」和「尊榮會員」等 Amazon 的送貨服務。

要補充說明的是，Amazon 並沒有止步於把商品以最快的速度送到顧客手中，它還想**涉足建構物流體系**。Amazon 自行出資設立了許多物流中心，除了交給既有的貨運公司出貨，還有一部分的送貨工作由 Amazon 公司自己負責。這樣的兩相配合就產生了能快速將生鮮食品送到顧客手中的「AmazonFresh」，還有最快在一小時內送達的「Prime Now」服務。

爲了領取在 Amazon 購買的東西，美國還進一步發展出「Amazon Locker」。電子商務要面對的問題之一，就是顧客不在家時便無法順利領取送來的商品，**爲了解決這「最後一哩路」的問題**，Amazon 便想到推廣 Amazon Locker 作爲對策之一。

Amazon 還想到商品的運送也可以使用無人機，因此便投入了技術開發。今後爲了達到更快速的送貨服務，勢必會再運用最新科技發展更新的服務。

◆無人商店「Amazon Go」

Amazon 於二〇一八年一月在西雅圖開設了無人便利商店「Amazon Go」的創始店。在 Amazon Go 購物，只需要在智慧型手機下載應用程式、登錄帳號，然後在商店裡找到需要的商品、帶出店外，就算完成購物了。購物的款項會計入 Amazon 帳號中，所以不必在收銀台排隊結帳。

Amazon 嘗試各種型態，除了電子商務，也開始增設實體店鋪。Amazon Go 就是其中一例。在這些店中的購物經驗和過去的實體店鋪完全不同。Amazon 利用ＡＩ和感應器的技術經營這類店鋪，**除了爲顧客提供新的體驗，也能夠取得顧客在實體店鋪購買的相關資料**。

◆生鮮食品超市「全食超市」

Amazon 在二〇一七年八月收購了經營高級生鮮食品的「全食超市」（Whole Foods Market）。全食超市於二〇一七年九月在美國共有四百四十八間店鋪，在加拿大有十三間，在英國則有九間，尤其在美國是一間廣爲人知的高級超市。

Amazon 爲什麼要收購看起來和電子商務處於極端對立的超市？其目的是要「整合網路與實體」，並且利用超市完成「最後一哩路」，也就是把超市當作**將商品送給顧客的據點**。

如果 Amazon 的尊榮會員在全食超市買了三十五美元以上的貨品，就可享有兩小時內的免費送貨服務；全食超市特有的商品，例如有機食品等亦可透過 AmazonFresh 取得。全食超市的商店內還有 Amazon Locker，購物的同時也可以順便領取在網站購買的商品。對於 Amazon 的使用者而言，已經建立品牌保證的實體店鋪網絡也提供了便利且新穎的購物體驗。

經常使用 Amazon 的尊榮會員會覺得全食超市便利且物超所值，反過來說，它不只會提高 Amazon 尊榮會員的滿意度，也**有助於增加尊榮會員的人數**。

附帶一提，我自己在西雅圖商店的親身體驗中，對於當場製作、販賣的內用食品如此美味，感到十分驚豔。他們的披薩種類和味道都不是一般餐廳比得上的，讓我還稍微吃得多了點，這些事情我都還記憶猶新。

◆能夠語音辨識的ＡＩ助理「Amazon Alexa」

Amazon 也開發、提供能夠語音辨識的ＡＩ助理「Amazon Alexa」。搭載 Alexa 的智慧型喇叭「Amazon Echo」除了由 Amazon 自己販售之外，爲了讓第三方製造商能夠製作搭載 Alexa 的產品，**還公開了開發工具**，這點也很值得注意。在二〇一九年一月，搭載 Alexa 的機器數量超過了兩萬種，也進展到搭載在汽車和安全性產品上。

此後，Alexa 就可以從外部獲得各種商品和服務、內容，**漸漸形成一個商業生態圈**。它現在已經從智慧型手機的領域，進入自動駕駛汽車「Smart Car」的領域，持續形成堪稱**「Alexa 經濟圈」**的產業結構。Amazon 與爲此提供商品、服務、內容的各種企業建立起強大的協調和相互依存的關係，接著便以相乘、自主且連動的方式日漸擴大。

其他的語音辨識ＡＩ助理還有 Google 開發的「Google 助理」和百度的「DuerOS」等，不過我認爲還是以 Alexa 拔得頭籌。因爲 Amazon **自己就會提供與該助理有關的商品、服務、內容**，對於顧客而言，使用時感受到的價值會更爲提高。

◆支付服務「Amazon Pay」

Amazon 也把觸手伸向所謂「金融服務」的領域。例如它會使用在 Amazon 帳號登錄的信用卡和住址資料，爲 Amazon 之外的網站提供支付系統，這就是「Amazon Pay」。在與 Amazon Pay 配合的網站上，顧客不需要再輸入自己的住址和信用卡資料，就可以簡單的完成購物程序。

針對法人販售者，則有融資服務「Amazon Lending」。將商品在網路市集上架的法人在經過販售成績的審查之後，便可以進行貸款。也就是說，**Amazon 也像銀行一樣可以貸款**。

也有人將「Amazon 禮物卡」視爲存款。這個制度是指可以用扣除餘額的方式在 Amazon 購物，如果用現金補充餘額的話，還會回饋點數，如果一次的加值金額超過一百美金，一般會員就可以獲得二%的點數。也像是存款的利息一樣。

「你的任務就是毀掉你原來的業務」

再繼續舉例下去就說不完了，所以關於 Amazon 的事業發展就講解到此。就算只是追蹤

Amazon 近年來的部分動向，應該也可以完全感受到 Amazon 如何追求創新，而且今後必將持續這樣的方向。

Amazon 的創辦人傑夫．貝佐斯在各種場合都不忘提到創新的熱情。毫無疑問，這一定是 Amazon 的競爭優勢之一。

許多企業都希望能創新，但未必能夠如願，更何況也不可能一直持續創新。這是因爲存在「創新的兩難」（Innovator's Dilemma），此爲哈佛商學院的克雷頓．克里斯汀生（Clayton Christensen）教授提出的概念。每當發生了破壞性的創新，開啓新產業的公司就得以成長，但是如果又接著發生破壞性創新，新的創新就會與現有的產業發生競食（Cannibalization，新舊服務之間的相互侵蝕）。因此，爲了避免破壞性的創新，就只好讓創新停留在分階段的發展上。然而這麼做的話，這間企業又會被完成其他破壞性創新的公司給超越。

貝佐斯也意識到「創新的兩難」，這在美國是很多人都知道的事。Amazon 已經是一間龐大的企業，但仍持續主動發起破壞性的創新，這便是成功的關鍵。

讓公司實現不斷創新的原因之一，便是貝佐斯**並不會因爲要與現有的產業競食市場而裹足不前**。

例如 Kindle 就是一個很好的例子。Amazon 是從販售書籍的網路書店起家，這可能會與電子書發生競食。但是貝佐斯把過去任職於書籍部門的主管調到電子部門，並且對他說「你的任務就是毀掉你原來的業務。你要立志讓所有賣紙本書的人都失業」（《貝佐斯傳：從電商之王到物聯網中樞，亞馬遜成功的關鍵》）。

以建構平台來達成市場獨占

從發起創新的觀點來看，Amazon 早期就引進了**開放式創新**的思考方式，並且成功建構了平台，這一點很值得注意。開放式創新一詞在很多地方都會用到，意義也不只有一個，不過在此是指「企業不壟斷自己公司的技術，反而開放給外部人利用，因此產生創新的產品和服務」。

Amazon 便是依循這種開放式創新的想法，**開放了公司的高級系統，因而產生了 AWS 這個新服務**。最後還**利用 AWS 建立起強大的平台商務**。

在理解本書所提到的企業時，「開放式創新」的概念非常重要。

微軟的 Windows 作業系統是平台商務最典型且便於讓讀者理解的例子。Windows 推出之後，電腦廠牌當然要出售內建 Windows 作業系統的電腦，軟體製造商也要發行能夠在

Windows 作業系統操作的軟體。如此一來，使用 Windows 作業系統的使用者就會增加，於是廠商也會提供更多種類的電腦和軟體，這又提高了 Windows 作業系統的方便性，使用者又進一步增加，這樣的循環一再重複。

如上所述，使用者一旦增加，提供周邊商品和服務的企業等也會跟著變多，便利性也隨之提升，這個現象可以用**「網路的外部性作用」**來說明。

平台商務的特徵便是很容易造成贏者全拿的狀況。**一旦掌握了平台，影響力通常就很容易漸漸增強，最後形成獨占或壟斷的狀態**。正因如此，想要開展平台商務的企業就會彼此展開激烈的爭戰。

02 Amazon 的五因子分析

以「道」「天」「地」「將」「法」所做的策略分析

接下來就用「道」「天」「地」「將」「法」的分析來掌握 Amazon 的概況。請參照圖 1-2。

◆Amazon 的「道」

「道」是指任務、展望、價值。任務代表存在的意義與承擔的使命；展望代表公司未來的面貌；價值則代表執行計畫時的行動基準與價值觀。企業根據其「重視的東西／道」，才能夠決定要在哪一項產業的領域展開事業。

先公布答案，Amazon 所揭櫫的任務和展望是成爲**「地球上最以顧客爲中心的公司」**。

圖1-2

以五因子方法分析「Amazon 的整體策略」

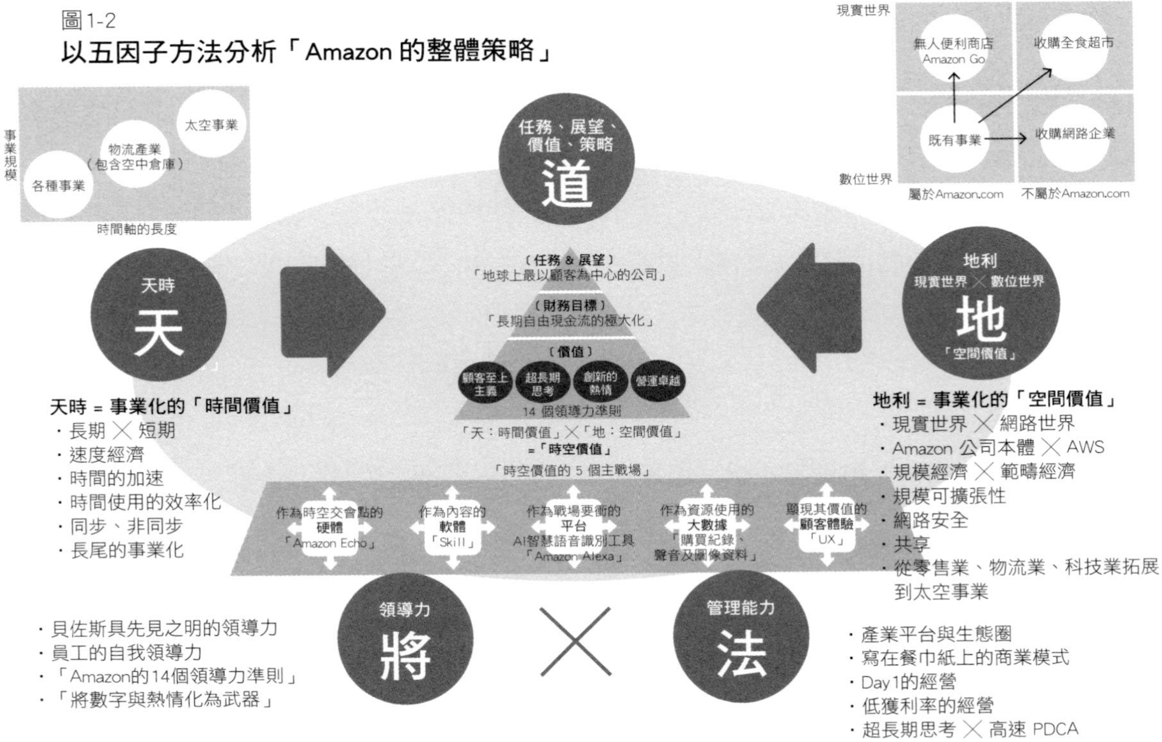
事業規模
各種事業
物流產業（包含空中倉庫）
太空事業
時間軸的長度
任務、展望、價值、策略
道
〔任務 & 展望〕
「地球上最以顧客為中心的公司」
〔財務目標〕
「長期自由現金流的極大化」
〔價值〕
顧客至上主義
超長期思考
創新的熱情
營運卓越
14 個領導力準則
「天：時間價值」╳「地：空間價值」
=「時空價值」
「時空價值的 5 個主戰場」
作為時空交會點的硬體「Amazon Echo」
作為內容的軟體「Skill」
作為戰場要衝的平台 AI智慧語音識別工具「Amazon Alexa」
作為資源使用的大數據「購買紀錄、聲音及圖像資料」
顯現其價值的顧客體驗「UX」
現實世界
數位世界
無人便利商店 Amazon Go
收購全食超市
既有事業
收購網路企業
屬於Amazon.com
不屬於Amazon.com
天時
天
地利
現實世界 ╳ 數位世界
地
「空間價值」
天時 = 事業化的「時間價值」
・長期 ╳ 短期
・速度經濟
・時間的加速
・時間使用的效率化
・同步、非同步
・長尾的事業化
地利 = 事業化的「空間價值」
・現實世界 ╳ 網路世界
・Amazon 公司本體 ╳ AWS
・規模經濟 ╳ 範疇經濟
・規模可擴張性
・網路安全
・共享
・從零售業、物流業、科技業拓展到太空事業
領導力
將
管理能力
法
・貝佐斯具先見之明的領導力
・員工的自我領導力
・「Amazon的14個領導力準則」
・「將數字與熱情化為武器」
・產業平台與生態圈
・寫在餐巾紙上的商業模式
・Day1的經營
・低獲利率的經營
・超長期思考 ╳ 高速 PDCA

公司爲了達成此目標，便要求「提升顧客的體驗」，這也是分析此事業發展的關鍵。

如果說任務是承擔的使命，展望是公司未來的樣子，價值就是爲了達到這些目標的行動基準和公司重視的價值觀。Amazon 列舉的有「顧客至上主義」「超長期思考」「創新的熱情」等。

談到 Amazon 的任務和展望，「顧客至上主義」是理解 Amazon 最重要的關鍵（我將在後文詳細探討）。然而要注意的是，這裡所謂的**「顧客」並不僅限於在 Amazon 購買書籍的一般「消費者」**。

Amazon 會在每年的年度報告中明確定義何謂「顧客」。二〇一七年的年度報告中就寫明顧客包括：消費者、販售者、開發者、企業與組織、內容創作者等五種。

「消費者」是指 Amazon 本身以 B to C 模式服務的顧客，其他四種（販售者、開發者、企業與組織、內容創作者）則全是 Amazon 以 B to B（企業對企業）模式服務的顧客。販售者是指在 Amazon 網站上開設網路店鋪的店家，開發者指的是 Amazon 雲端運算服務 AWS 的顧客，內容創作者主要是指參加 Amazon 的 Prime Video 等影片發行之內容創作的創作者。

◆Amazon 的「天」

Amazon 的「天」與「道」也互有關連。高揭顧客至上主義的 Amazon 掌握到的企業良機是要改善技術、提升顧客的體驗，讓技術能夠與商業連結在一起。

例如近年來有著驚人發展的 AI 技術就被利用在 Amazon 的各種服務中。以搭載 AI 語音助理「Amazon Alexa」的智慧型喇叭「Amazon Echo」爲例，只要出聲講話，就可以操作與它連線的家電，或是購物。

◆Amazon 的「地」

若用一句話來說明 Amazon 的「地」，那就是其產業領域從「什麼都賣的『商店』」擴大成「什麼都賣的『公司』」。

以電子商務起家的 Amazon 現在也開設了實體店鋪，像 Amazon Go 和全食超市，實現了「現實世界＋網路世界」。此外，「AWS」開放了支援電子商務的系統，成長爲 B to B 的高收益商業，讓 Amazon 可以積極的投資、一直進行創新。Amazon 在創業之初或許被認爲是零售企業，不過**現在既是物流企業，也是科技企業**了。今後還將以**邁向宇宙航太事業**爲展望。Amazon 開啓新產業領域的速度應該會越來越快吧！

◆Amazon 的「將」

談到 Amazon 的「將」，其中最重要的當屬創辦人貝佐斯有先見之明的領導力。貝佐斯的做法是以創造和實現展望爲第一要務，他向員工展現一幅讓人怦然心動、自己也想參與其中的未來圖像，貝佐斯就是藉此來吸引員工，讓他們往實現展望的方向前進。

貝佐斯對於成爲「地球上最以顧客爲中心的公司」的堅持非比尋常，一方面，他明確定義「顧客」，另一方面，這也顯示出對於不屬於顧客的企業和個人則較不重視。

大家應該聽過近年來廣受矚目的**「Amazon 效應」**一詞。Amazon 將事業領域急速擴大到什麼都賣的公司，過程中對許多企業都帶來莫大的影響。Amazon 效應的具體例子有：造成玩具反斗城和運動用品專賣店 Sports Authority 的破產、梅西百貨和美國連鎖百貨商店傑西潘尼（JCPenney）的大規模關店潮，還有購物中心的開店率下滑等。

美國公司貝斯波克投資集團（Bespoke Investment Group）蒐集了投資資料，在二〇一二年二月創設了「Amazon 死亡指數」。該指數以六十三間公司爲對象，這些公司的收入來源大半來自實體店鋪，販售商品則是以其他公司的產品爲主，而且都被納入標準普爾一五〇〇股

價指數（S & P 1500）或零售指數。該指數認為**Amazon 的事業領域越形擴大、成長益發快速**，會使得這些公司的**業績益發惡化**。事實上，在 Amazon 於二〇一七年六月發表收購全食超市時，就出現了「Amazon 死亡指數」自創設以來的最大降幅（《Amazon 所造成的死亡》（デス・バイ・アマゾンテクノロジーが変える流通の未来））。

當 Amazon 帶來的威脅擺在眼前時，就會覺得貝佐斯宣稱讓社會整體變得更好的目標並未達成。貝佐斯主要關注的是被 Amazon 定義為顧客的企業和個人，但是非顧客的其他企業和個人，甚至還有被 Amazon「搞死」的，也值得我們多加關注。

◆Amazon 的「法」

Amazon 的「法」，也就是商業模式和收益結構，可以用「平台和商業生態圈的建構」來說明。

Amazon 的商業模式以「Amazon 本身×AWS」為基礎，再透過電子商務網站和 Amazon Echo 等建構起各種平台。

一般來說，Amazon 給人零售企業的強烈印象，不過從收益結構來看，就可以發現它的特殊性。Amazon 的營業利益率（營業利益在總營收中所占的比例）只有二～三%。這數字反映出本業的營利效率，一般來說，在日本上市的電商企業都會以達到一〇%作爲目標之一。附帶一提，經營網購平台 ZOZOTOWN 的日本公司 ZOZO 就有超過三〇%的營業利益率。因此，Amazon 的營業利益率可以說是極低。

但是如果只看 AWS 事業的話，情況就大不相同。AWS 事業的總營收在近年來有大幅成長，二〇一六年與前一年相比增加了五五%，到了二〇一七年又增加四二・九%，高達總營收的一成。因此，**AWS 事業在二〇一七年的營業利益率就有二四・八%**。我們可以知道持續快速成長、漸漸成爲主要事業項目的 AWS 是**營利效率非常高**的一個項目。

而且，Amazon 並不是目標短期內能夠獲利，他們重視的是長期的現金流，而且將賺得的錢再用於擴大產業和推動低價策略，以尋求企業價值將來的極大化。投資家也認爲 Amazon 的**策略是「追求成長優先於利益」**，這也是其高股價的緣由。

前文已經說明了 Amazon 經營了哪些產業，以及 Amazon 的五個因子。掌握了整體圖像之後，下文將再針對各別的論點來討論。

03 解讀 Amazon 持續進步的三個關鍵

①顧客至上主義、②對高度化需求的回應、③大膽展望×高速 PDCA

我以大學教授和商業顧問的身分，觀察並徹底分析各個時期世界最先進的企業。針對 Amazon，我也花了多年時間追蹤貝佐斯的影片和發言，以及點閱其官方網站發布的新聞稿。藉著如此仔細的追蹤相關資訊，我認爲貝佐斯和 Amazon「持續進步的關鍵」可以歸納成三點。

第一點是 Amazon 以成爲「地球上最以顧客爲中心的公司」爲任務和展望，這反映出公司很堅持顧客的體驗。第二點是徹底回應高度化的消費者需求。第三點則是「大膽展望×高速 PDCA」的思考方式。

◆關鍵①：顧客至上主義

要理解 Amazon 為何將「地球上最以顧客為中心的公司」當成任務和展望，我們必須要看看貝佐斯在創立 Amazon 時寫在餐巾紙上的商業模式圖。請參考圖 1-3。

此圖描繪的循環是指增加了「商品多樣化」後，顧客的選項增多，滿意度跟著提升，「顧客體驗」也升高，改善顧客體驗後，「流量」會提高，就會有更多人瀏覽網站，「賣家」就會聚集而來，想要在網站上賣東西，因而增加「商品多樣化」，提升「顧客體驗」，持續這樣的循環。

圖 1-3

貝佐斯所描繪的商業模式

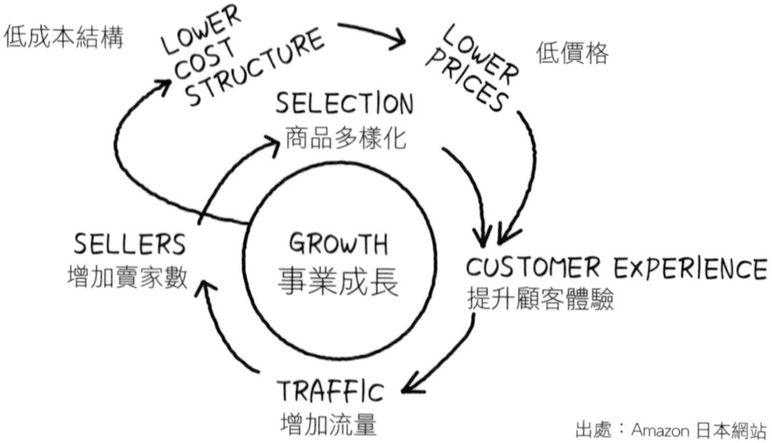

出處：Amazon 日本網站

不過，這樣的循環還不足以讓「事業成長」。貝佐斯認為還需要加上「低成本結構」和「低價格」。「低價格」和「商品多樣化」放在「提升顧客體驗」的前一步，表示貝佐斯認為**「顧客的首要要求是低價格和商品多樣化」**。「低價格」的前一步是「低成本結構」，因為有低成本結構，才能夠繼續提供低價格商品。這個圖的完成度已經很高了，而且確實展現出 Amazon 想要發展出來的世界觀。

Amazon 創業之初是販售書籍的網路商店，但是在創業之前畫的這張圖裡，就已經把「增加賣家數」列為「商品多樣化」的前一步了。也就是說，貝佐斯從一開始就知道 Amazon 不會止步於販賣自己生產的商品，在他描繪的圖像中，要**增加賣家數，才能憑藉賣家之力讓商品更加多樣化**。

圖中的「增加流量」也是從一開始就不限於觸及 Amazon 網站的消費者。現在 Amazon 的「流量」除了在網站購買商品的消費者之外，還包括上架的賣家和使用 AWS 的企業、使用 Alexa 的開發者等，也就是**「往來於 Amazon 這個商業生態圈的整體流量」**。流量除了增加人數之外，無疑也會讓 Amazon 的商業生態圈朝向**更多元性的方向**發展。

我們還可以進一步看到貝佐斯最初畫這張圖的時候，已經確立 Amazon 的整體經營策略是以「成本領先策略」（cost leadership）作為目標。

著名的管理學家麥可・波特（Michael Porter）教授認爲 Amazon 貫徹整間公司的策略只有三種。① 成本領先策略、② 差異化策略、③ 集中策略。而集中策略還可以細分成「成本集中」與「差異集中」兩種模式。

Amazon 明確的使用建構低成本結構的方式，採取成本領先策略。實現了成本領先策略之後，企業有兩條路可以選擇：「以低於其他企業的價格，提供商品和服務」，或是「和其他競爭者以相同的價格，取得高額利潤」，而 Amazon 採取的策略是前者。

Amazon 不會賺取超過需要的利潤，用低成本結構取得的利益就以低價的形式回饋給顧客，對尊榮會員提供的電視節目原創內容也極富吸引力，我們會發覺這其實也構成了差異化策略。

也就是說，**Amazon 採取的是成本領先和差異化策略同時並行**，這便成了它的強項。

◆關鍵 ②：對高度化需求的回應

多年以來，貝佐斯一直強調消費者有三個重要的需求，分別是「低價」「多樣的產品選擇」和「快速到貨」。貝佐斯也認爲「從過去到現在再到未來，消費者對這些需求是不會改變的」。

我們也不能夠忘記這三個需求會隨著時代益發激化。不論 Amazon 再怎麼充實服務，消費者都不會覺得「已經夠便宜了」「不需要再有更多產品選擇了」「照現在這個樣子送貨就夠了」，因此就感到滿足。**人在越方便的生活中，越感受不到便利的存在，反而只覺得不便**。舉例來說，今天只要用智慧型手機就可以隨時查找資料，但是只要訊息稍微晚到，人們就會感到很有壓力。或者，因爲只要使用電子貨幣就可以在瞬間完成付款，所以在排隊結帳時如果看到前面的人用現金支付，有些人就會因爲別人數零錢得多花一點時間而感到著急。

也就是說，不論 Amazon 再怎麼針對「低價」「多樣的產品選擇」和「快速到貨」進行改善，消費者都只會進一步擴大需求，繼續要求「更低的價格」「更豐富的產品選擇」和「更快速到貨」。正因爲 Amazon 也知道這樣的狀況，所以一直以來都能夠在消費者需求被激化之前，先一步改善商品和服務，而且今後大概也不會改變這個目標。

貝佐斯始終認爲「消費者絕對不會感到滿足。所以要主動經常改善商品和服務，而且永遠要堅持改善」，因此，他很強調要搶在消費者增強需求前，早一步回應。

Amazon 除了對顧客的體驗有相當的堅持，另一個值得注意的是爲了配合「激化的消費者需求」，近年來**「顧客體驗」這個概念也跟著進化了**。

如果仔細釐清貝佐斯的發言，便可以將他主張的顧客體驗整理成以下四點。

第一點是**「人反應的是人類的本能和欲望」**。貝佐斯在各種場合都曾經反覆提出這一點，由此可看出他經常在思索人類的本能和欲望。

第二點是**「要解決科技進步所帶來的高度化『問題』和『壓力』」**。

而第三點是**「『察覺』的科技」**。這點與 Amazon 的行銷策略密切相關。過去的行銷學是依據年齡和性別、職業、學歷、所得等屬性將顧客分類，再決定目標。但是，認定使用者的相關資料只限於這些屬性的時代已經結束了。千篇一律的分類在現代看來只顯得過於粗糙。Amazon 在這一點上也走在時代的前端。它以使用者購買或瀏覽的商品紀錄、檢索時輸入的關鍵字等大數據爲基礎，用 AI 分析特定使用者的心理狀態和行爲模式，配合每一位使用者的喜好而提供推薦。也就是說，Amazon 會利用「大數據×AI」，**針對每一位使用者進行即時的一對一行銷**。

Amazon 的「大數據×AI」還更進一步進化了。曾經與貝佐斯一起工作的前首席資料科學家安德里亞斯·韋思岸（Andreas Weigend）在其著作《群眾大數據：我們如何爲您打造後隱私權時代的經濟模式》（*Data for the People: How to Make Our Post-Privacy Economy Work for You*）中，就提到「Amazon 是以〇·一人的規模細分市場」。他們的市場細分會觀察到每位使用者在不同時刻的需求變化。Amazon 今後還會更進一步的改善顧客分析，說不定會做到

「只要顧客想要，商品就會出現在眼前」，或甚至是**「在顧客想到之前，需要的商品已經出現在眼前」**的服務。這就是我所謂「察覺」的科技。

第四點是**「不要讓顧客覺得『在進行○○買賣』」**。Amazon 不只為顧客營造極高的便利性，最近的服務水準還提升到為顧客提供「甚至不像在進行買賣的舒適感」。

最典型的例子是「Amazon Go」。Amazon Go 主打的廣告詞是「拿了就走」。也當真像這句廣告詞所說的，使用者只需要進到店裡、拿好想要的東西，再走出店外就可以了。這樣的服務**甚至讓使用者不會感覺到自己在「買東西」和「付帳」**。對於 Amazon 講究的顧客體驗而言，這樣的舒適感不可或缺。

也有許多人從企業邏輯的觀點出發，分析 Amazon Go 的產生是為了因應人手不足或提高生產效能。不過我認為 Amazon 創造 Amazon Go 的主要目的是追求更好的顧客體驗，而不是上述目的。我自己在西雅圖實際體驗 Amazon Go 的商店時，更加確信了這樣的想法。Amazon 原先在一九九七年提出申請，並在日後取得了「一鍵購物」的專利，只需要一次點擊就可以完成購物程序。也就是說，貝佐斯在創業之初就很堅持要塑造「不會感覺到在付款」的顧客體驗。

而且，與過去直接感覺到的交易相比，「不要讓顧客覺得『在進行○○買賣』」的做法讓人比較舒服，對於**提升交易量也有幫助**。我們可以預測除了 Amazon 之外，其他的企業今後也會想要善用科技，推廣「感覺不到買賣」這樣快速而舒適的服務。

◆關鍵③：大膽展望 × 高速ＰＤＣＡ

在 Amazon 進化的關鍵中，最後一點是「大膽展望 × 高速ＰＤＣＡ」。經營事業，最重要的是在一開始「大膽立定展望」。樹立展望之後，接下來的問題就是「如何實現」。Amazon 認為實現的方法就是貫徹「高速ＰＤＣＡ」，也就是從大膽的展望倒推回去，明確釐清「今天應該做什麼」，然後再重複高速的ＰＤＣＡ循環（Plan = 計畫，Do = 執行，Study = 查核，Act = 行動），提高效率，朝向實現展望邁進。

網站世界原本就會分析使用者的行動，像是「有多少訪客造訪該網站」「其中有多少人按了按鍵」「又有多少人完成購物」，再依據這些資料，改變網站的設計和商品安排，也就是所謂「ＰＤＣＡ的高速循環」。Amazon **把大膽展望細分成「今天要做什麼事」**，然後再重複高速ＰＤＣＡ，應用這樣「二合一的技術」，便能在經營時很快的經歷失敗，又很快的改善，因此產生好幾次的創新之舉，讓企業成長快速。

與大膽展望相符的做法是**「超長期思考」**。這是貝佐斯自己說的 Amazon 重視的價值。

這也是理所當然的。稍微思考一下「一個月後要達成的事」「五年後要達成的事」「十年後要達成的事」，就會發現十年後要達成的事當然會有最大膽的展望。也就是說，貝佐斯提出「超長期思考」，是認爲**應該思考較爲長期、掌握全局的展望**。這也會讓人訂出大膽且具野心的目標。

大膽展望的例子當然包括開設多間 Amazon Go 店鋪、進軍海外，除此之外，還有使用無人機和自動駕駛的汽車展開迅速的快遞服務。日後還可以用 5G 完成過去做不到的高速、大容量的通訊。這樣的科技進步對於 Amazon 而言是絕佳的機會。其中或許還包括善用 VR 和 AR 技術，讓顧客甚至不必親自走進實體店鋪，就可以獲得同樣的購物體驗。

圖 1-4 是根據「大膽展望 × 高速 PDCA」所製作的 Amazon 成長圖像。

關鍵就是貝佐斯的口頭禪**「規模可擴張性」**（scalability）。據說 Amazon 除了在查核事業規畫時當然會注重規模可擴張性之外，即使在員工的會議中，也常常提到這個詞。

規模可擴張性是指「擴充的可能性」。即使眼前事業有巨大的利益，但是只要發展的空間有限、大概馬上就會到達上限，這種事業就稱不上是有規模的可擴張性。

相反的，就算在開始時是很小的事業，但是只要上軌道之後就會呈現指數型急速成長的話，這樣的事業就具有規模可擴張性。

雖然 Amazon 已經成長爲世界首屈一指的大企業，本質上還是像初創企業一樣。新企業要立定大膽的展望，決定時也要重視規模可擴張性。並且以精實創業（Lean startup，初創時要避免徒然的浪費），也就是以最簡、高效率、快速的方式展開。再加上反覆執行高速的 PDCA，一邊持續改善企業。

數位化的企業特徵就是在經過欺騙期之後，就可以看到指數型的爆炸式成長。Kindle Books 相對於紙本書籍的成長速度圖就是一個絕佳的例子。

貝佐斯經常掛在嘴邊的還有「第一天」這個詞，這也可以明顯看出

圖1-4

對於「大膽展望 × 高速PDCA」的堅持

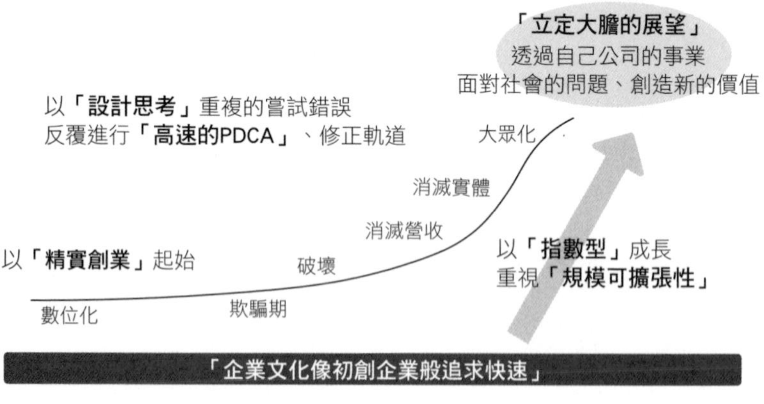
「立定大膽的展望」
透過自己公司的事業
面對社會的問題、創造新的價值
以「設計思考」重複的嘗試錯誤
反覆進行「高速的PDCA」、修正軌道
大眾化
消滅實體
消滅營收
以「精實創業」起始
破壞
以「指數型」成長
重視「規模可擴張性」
數位化
欺騙期
「企業文化像初創企業般追求快速」

註：圖表內的線性架構是參考《膽大無畏：這10年你最不該錯過的商業科技新趨勢，創業、工作、投資、人才育成的指數型藍圖》所製作

Amazon 自視爲初創企業。

「第一天」的意思是「創業日」「首日」，貝佐斯除了將他辦公室所在的大樓命名爲「第一天」，就連 Amazon 的官方部落格也叫做「第一天」（The Amazon Blog: Day One）。從這些例子就可以看出貝佐斯對於「第一天」心態的堅持。

除了「第一天」，貝佐斯也經常提到「第二天」這個詞。「第二天」就相當於日語中所謂的「大企業病」（忘記了創業時的精神、逐漸衰退）。在 Amazon《二〇一七年年報》中，便指出爲了讓 Amazon 免於陷入「第二天」的停滯狀況，有四個法則：**「顧客眞正的希望」「對『手續化』的抵抗」「迅速反應最新趨勢」「快速決策系統」**。

貝佐斯之所以會一直強調「每一天對 Amazon 而言都是創業日」，並且要避免 Amazon 犯下大企業病，是因爲他有強烈的危機意識，認爲如果失去了初創企業的 DNA，就不可能再繼續進行破懷性的創新了。

04 「行銷四・〇」與Amazon

線上與線下的完全整合

被稱爲行銷學之父的菲利浦・科特勒（Philip Kotler）教授很提倡「行銷四・〇」的概念。「新型態的顧客特性明確的顯示出，行銷的未來在於將顧客旅程中的全部線上（Online）和線下（Offline）經驗無縫融合在一起」（《行銷4.0：新虛實融合時代贏得顧客的全思維》）。

顧客旅程是指從顧客對商品和服務產生需求開始，到最後完成購買以及使用的整個過程（journey、旅程）。科特勒認爲顧客旅程顯示出現代消費者可以自由的在線上和線下之間切換、擁有線上和線下的選擇權，而且電子商務（線上）和實體店鋪（線下）融合的世界也到來了。

Amazon 已經迎來了虛實融合（OMO）的「行銷四．〇」時代。

請試著想像你正在紐約工作，已經決定要買某一本書。有很多人會在 Amazon 的網站上購買，如果想要馬上讀的話，或許可以買 Kindle 電子書，然後在智慧型手機或平板電腦上閱讀。要買紙本書籍還是電子書，選擇權在消費者身上。美國還有實體店鋪「Amazon Books」，消費者也可以移步到店裡，找到自己想要讀的書，在那裡購買。

Amazon 是一個能夠利用「大數據×AI」的科技企業，因此才能夠做到「行銷四．〇」。

圖1-5

「行銷 4.0」的本質

「新型態的顧客特性明確的顯示出，行銷的未來在於將顧客旅程中的全部線上和線下經驗無縫融合在一起」（《行銷4.0》）

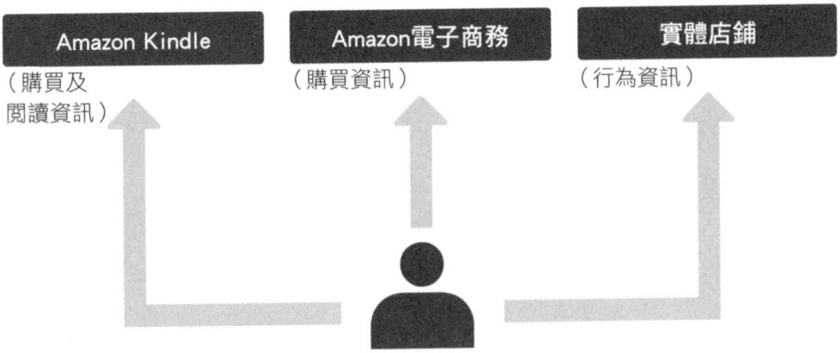
Amazon Kindle
（購買及閱讀資訊）
Amazon電子商務
（購買資訊）
實體店鋪
（行為資訊）

Amazon Books 的店內光景。以「大數據╳AI」選出適合客層的書籍，而且都是封面朝外擺放，以讓人容易看到的方式陳列。如果店裡沒有庫存的話，顧客也可以用智慧型手機當場訂購。這堪稱是線上和線下的完全整合。由作者所攝（2019年1月）

如果利用 Amazon 的電子商務買書的話，購買紀錄會留在 Amazon 公司，如果是用 Amazon Kindle 購買電子書的話，公司也可以蒐集「讀者實際上到底讀了這本書沒有」「讀了哪一部分」「在哪裡有特別做記號」等這些資訊。如果在 Amazon 的實體店鋪購書，該名顧客在那裡的行動也會被記錄下來、留為資料。我實際到訪美國的 Amazon Books 時，最感到驚訝的是有一個角落專門陳列「Kindle 的暢銷書」。

也就是說，Amazon **一邊爲消費者提供無縫融合線上和線下的體驗，同時還會蒐集大數據，用AI進行分析，以提升顧客的體驗。**

Amazon Books 實際上擺放書籍的陳列方式也非常具有象徵意義。店裡所有書封都被展示出來。陳列出封面的好處是顧客看得比較清楚，也較容易選擇和了解。但是一般書店很難把所有書的封面都擺出來，因爲受限於店鋪面積和店面庫存的限制。

Amazon Books 之所以能夠不受到這些限制，讓全部書封都朝外陳列，完全是借助「大數據×AI」之力。Amazon 擁有的大數據包括在該地區工作的人都會讀什麼樣的書，**它的技術也能夠分析出在該間店鋪應該擺什麼樣的書才會賣得最好**。如果書店經過這樣的數據解析之後，把書封擺在外面，對於想要選本書購買的人而言，逛起來應該很舒服吧！如果想要找的書在店裡沒有庫存，也可以用智慧型手機當場向 Amazon 訂購。

Amazon 還擁有零售電商企業、科技企業、物流企業等多重面向，在「搜尋商品和服務」「購買商品和服務」等各種情境下，都可以提供線上和線下兩種選擇，甚至在「領取商品和服務」時，也有到店領取、在家收貨、到便利商店或 Amazon Locker 取貨等方式可供選擇，服務非常完備。

在「行銷四・〇」時代，對待顧客的方式就是要在「搜尋、購買、取貨」等各個環節都提供多元的選項，如何把這些環節以最輕易的方式連結在一起，就是「行銷四・〇」時代的關鍵了（圖1-6）。

圖1-6

「搜尋╳購買╳取貨」的 3D 定位圖

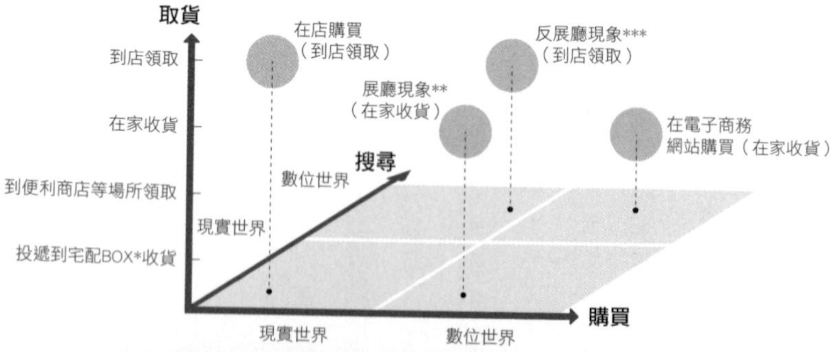

未來對待顧客的方式都需要從「搜尋╳購買╳取貨」的3D定位圖進行思考

註：

* 「宅配BOX」是指日本的一種宅配方式，宅配人員會將包裹放進附有數字密碼鎖的櫃子，設定密碼後鎖起來，再將寫有密碼的單子投到收件人的信箱中，這樣就不需要收貨人簽收之後才能夠完成宅配了

** showrooming，消費者將實體店面當成樣品展示廳，只在實體店面比較適用後，到網路上購買

*** reverse showrooming, webrooming，指消費者先在網上搜索、瀏覽和研究某款產品，然後再前往實體店購買

05 阿里巴巴的企業實際狀況

中國新興社會基礎設施的企業

接著要談的是與美國 Amazon 形成對比的中國阿里巴巴集團。

一想到阿里巴巴，大家的腦海裡會浮現什麼印象？阿里巴巴在日本的存在感還不太鮮明，大概有很多人會覺得是「中國的超大型電商企業」，或是「支付寶的公司」吧！

但是，**阿里巴巴並不只是電子商務公司，也不光是用行動支付「支付寶」就足以理解的公司**。我曾經住在香港，也曾經在香港和中國大陸之間多次來往，如果要用一句話來形容阿里巴巴，我會說它是「中國新興社會基礎設施的企業」。

毫無疑問，阿里巴巴的事業支柱當然是電子商務網站，它也展開了 B to B 的貿易「alibaba.com」、消費者與消費者（C to C）之間的交易平台「淘寶網」、B to C 的交易平台：中國國內的「天貓」和國際版的「天貓國際」等多項事業。但是阿里巴巴也不只於此，它的觸角廣及**物流事業和實體店鋪**、**雲端運算**、**金融事業**等。阿里巴巴的發展模式和 Amazon 從販賣書籍的網站起家，先是成為什麼都賣的商店，接著又一路擴充為什麼都賣的公司頗為類似。

要掌握阿里巴巴的整體面貌絕非易事，不過我們可以一邊想著由前文獲知的 Amazon 整體面貌，再用幾個象徵性的服務來理解「阿里巴巴是怎樣的企業」。阿里巴巴每年都會舉辦「投資者日」（向投資人召開的說明會），會中提供的大量資料也都會在英文網站公開。可說是本書所討論的八間公司中，最完整公開資訊的企業了。

◆電子商務網站「淘寶」「天貓」

在阿里巴巴的電子商務網站事業中，淘寶大概類似日本的 Yahoo! 和 Mercari，而天貓則像樂天市場。Amazon 是以「自己進貨，再自己販售」的直售形態為主，而阿里巴巴則是以經營市集為主，其商業模式偏向於支援在天貓上架的企業和使用淘寶的個人等。

淘寶設立於二〇〇三年，賣點在於用大數據分析，讓每一位使用者享有量身打造的購物體驗。值得注意的是，淘寶其實還比 Amazon 更早一步投入新型的服務。例如在全世界的電子商務網站都受到廣大矚目的**產品介紹動畫，其實是阿里巴巴率先在淘寶推出**。

在成長顯著的中國網購市場裡，後起之秀天貓和天貓國際已經是現今最大的電子商務平台。年度報告顯示淘寶和天貓在二〇一八年度的交易總額高達四兆八千兩百億人民幣，這在**全世界的電商企業中都稱得上是極高的數字**。

◆超級市場「盒馬」

雖然 Amazon 收購了全食超市，還創設 Amazon Go，先一步接觸了 OMO 的做法，不過，其實阿里巴巴在開設實體店鋪、朝向 OMO 邁進這方面，才是眞正的在質和量都同步走在前端。

其中尤以阿里巴巴開創的超市「盒馬鮮生」最值得注意（阿里巴巴在二〇一九年一月三十日的新聞稿中，將「盒馬」的英文名字從「Hema」改成「Freshippo」）。雖然盒馬鮮生有實體店鋪，但是在阿里巴巴的各個財務報表中，都將盒馬定位成電子商務事業。如果了解盒馬的服務內容，就會知道**爲什麼超級市場屬於電子商務**了。

盒馬的第一家店在二〇一六年開張，直到二〇一八年七月底，盒馬在中國已有六十四間店鋪。特色爲採取會員制，顧客要在盒馬鮮生購物，必須先在智慧型手機的應用程式登錄爲會員。也就是說，盒馬可以透過應用程式獲得顧客的到店資料和商品的購買紀錄等。

累積了這些資料並分析之後，盒馬就可以將進貨控制在最適當的狀態。因此就可以常常有新鮮的生鮮食品。而且，只要用智慧型手機掃描商品上的 QR Code，就能夠完全確認商品的流通路線等。善用科技投資商品的可追蹤性，也可以提升消費者的支持。

支付方式主要使用阿里巴巴集團的行動支付服務：支付寶。顧客只要在店裡的支付終端機上掃描 QR Code，就可以完成支付了。

科技的運用還不只於此。盒馬的商品在智慧型手機上下單之後，就可以宅配到府。如果店裡有現貨，店鋪方圓三公里內的範圍都可以在三十分鐘內免費送達。

在二〇一八年九月的「投資者日」，阿里巴巴向投資人公布的資料中顯示七間店鋪在開店一年半之後，一間店的平均每日銷售額高達約三百八十萬台幣，照這樣算起來，**一間店鋪每年的銷售額可以達到將近十四億台幣**。而且令人驚訝的是，其中有**大約六成是透過線上購買**。

不過，盒馬企業整體還是赤字高掛。方圓三公里內都可以免費送達的服務當然在短期內會對收益造成極大的壓力。

但是阿里巴巴似乎並不認為赤字是個問題。阿里巴巴株式會社代表取締役社長 CEO 兼日本螞蟻金服的代表執行役員ＣＥＯ香山誠對盒馬商務提出以下評論。香山的職位也顯示螞蟻金服屬於阿里巴巴集團底下的金融公司。

「主要是能夠取得大數據就好了。人們通常會買些什麼東西，說到底，這個資料是很難掌握的。如果將過去所知，再補充上這些資料，就能做出準確度更高的預測，這是很有意義的。」

「我們完全收購了中國的第三大百貨公司，成為中國購物商場中最大的出資者。我們還要收購營業額兩兆日元、中國最大的生鮮食品超市。老實說，實體零售店鋪的市價總值其實很便宜。因此，收購的目的其實是為了蒐集資料。這種做法可以讓我們重新建立起完全不同次元的零售業。在現在，已經是『擁有的資料價值＝公司的市價總值』了。」（《企業家俱樂部》二〇一八年十月號）

只要善用資訊，盒馬的經營便不需要時時保有庫存，由此可知這種策略效果突出。

從能夠提供新的顧客體驗的觀點來看，盒馬也提供了極為特殊的服務。顧客在店裡買了魚類和貝類之後，可以當場請人料理，直接在店裡享用。這種結合了超市（食品雜貨店）和餐廳的服務稱為「grocerant」（便利廚房，結合「grocery」〔食品雜貨店〕和「restaurant」〔餐廳〕兩個字），「買魚、貝類時，店裡的客人可以親手挑選『那隻看起來很好吃的螃蟹』，並且當場享用牠肉質的鮮度，在一般餐廳要高價購買、對庶民而言不太可能享用得到的魚類和貝類，在這裡可以用親民的價格吃到，盒馬因此受到市民的高度歡迎」（《日經電腦》（日経コンピュータ）二〇一八年七月十九日號）。

◆地區活化事業「農村淘寶」

中國的幅員遼闊，還稱不上完備的區域物流網絡極廣大，過去居住在這些地區的農民如果想要購買高品質的產品和服務，都必須前往大城市。而且這些地區的農民所得水準極低，只能過著貧窮的生活。

阿里巴巴的地區活化事業「農村淘寶」便有助於解決這樣的中國國內問題。農村淘寶於二〇一四年一月啓動，**爲網路普及率低下的農村地區，提供買賣雙方的服務據點**。根據阿里巴巴網站在二〇一六年的資料顯示：農村淘寶的據點當時共分布在一萬六千五百個村中（遍及二十七省、三百三十三個縣）。

其服務內容是讓購買者可以用智慧型手機訂購商品之後，到鄰近的農村淘寶領取。地方上的農民也可以成爲賣家。農產品等地方特產可以用農村淘寶爲據點，透過農村淘寶的網絡販賣到全國。也就是說，農村淘寶就像**「電子商務的配送據點」「地方上的便利商店」**。最近甚至還設置了試衣間，更增添了便利性。

農村淘寶是由地方上的年輕人所經營的。對地方而言，也是重要的就業來源。由於有這樣的好處，所以有些地方的社區組織會提供資金援助農村淘寶，還有報告指出農村淘寶創造了一百萬人的就業機會。農村淘寶是**活化中國地區不可或缺的基礎設施**。

◆物流服務「菜鳥網絡」

物流是阿里巴巴的強項之一，阿里巴巴本身就有自行經營的物流網絡和建築倉庫，意圖建構的智慧物流網絡也十分巨大。

阿里巴巴集團中，負責物流工作的是「菜鳥網絡」公司。菜鳥網絡創辦於二〇一三年，歷史並不久，但是投入的資金卻很驚人。在日本富士通總研主席研究員金堅敏的報告中，指出「第一階段的投資額爲一千億人民幣，第二階段則爲兩千億人民幣，合計可達三千億人民幣，在五到八年的時間內，可以達到平均一天三百億人民幣（一年爲十兆人民幣）的電子商務交易量，還要建立起遍布全國、在二十四小時內可以送達的智慧物流網絡」（研究報告〈中國的網路商業革新和課題〉（中国のネットビジネス革新と課題））。

菜鳥倉庫的狀況可以透過影片確認，由影像畫面看得出來倉庫投入了尖端科技，甚至比

Amazon 還更邁向機器人化。廠房內已經進展到自動運作，倉庫內也以無人操作、機器人搬運商品。

而且菜鳥網絡還裝設了超過五萬台配送櫃，致力於營造完備環境，目標是「隨時可以送貨，也隨時可以取貨」。

菜鳥的展望充滿著雄心大志，希望**創建「可在二十四小時內送至中國任何地方，在七十二小時內送往世界各地」的物流網**。爲了在中國之外的其他地方建立物流網絡，菜鳥還進一步與國外企業攜手，在日本與日本通運聯合，在美國則與郵政系統合作。

◆行動支付「支付寶」

在金融服務方面，阿里巴巴則是完全凌駕於 Amazon 之上。

如同前文所述，Amazon 也提供支付服務 Amazon Pay，並且對小規模的企業提供資金周轉「Amazon Lending」的融資服務，不過，我認爲 Amazon 並沒有把重心放在金融事業上。

而在另一方面，阿里巴巴卻早已經是**「金融科技的王者」**。阿里巴巴擴大提供了電子商務、物流事業和金融事業三位一體的服務。其中由集團企業螞蟻金服所提供的行動支付服務

「支付寶」已經深入中國，在大都市圈，甚至有許多店不用支付寶就無法付帳。支付寶成了全球最大型的支付服務，甚至可以說，中國人的生活中，沒有智慧支付服務，就過不下去。這也代表阿里巴巴從中國的超大型科技公司脫胎換骨，變身成爲支撐中國十三億人生活的社會基礎設施，同時也成了一個龐然巨物。

阿里巴巴的實際資金量也和大型銀行不相上下。根據二〇一七年九月十五日《華爾街日報》的報導，阿里巴巴集團的貨幣市場基金（Money market funds，MMF），即**金融商品「餘額寶」存放的資產額，在短短四年間就成長爲全世界保管資產量最大的貨幣基金**，共高達兩千一百一十億美元。這個金額相當於摩根證券資產信託公司排名第二的公司所經營的貨幣基金的兩倍之多。

拜金融科技之賜，存放的資產額能夠有如此漲幅，才能讓支付寶使用者可以用手機應用程式簡單將資金移動到貨幣基金。

支付寶的手機應用程式可以直接使用阿里巴巴集團的銀行、證券、保險、投資信託等金融服務，也可以使用阿里巴巴集團的電子商務服務。除此之外，支付寶的應用程式還可以使用公共服務。

如上所述，**支付寶是人們生活中無可取代的支付方式，而它的應用程式則成了通往阿里

巴巴集團的服務入口，這一點是我們不能夠忽略的。這是阿里巴巴極為突出的強項，也是**與 Amazon 不同的決定性差異**。

阿里巴巴更透過支付寶，利用儲存的大量購買資料和支付資料、集團內部的大數據，創造了「芝麻信用」服務，將個人的信用能力加以量化和視覺化。

◆阿里雲

目前 Amazon 的 AWS 位居雲端運算服務世界第一的寶座。然而阿里巴巴也以 AWS 為目標推出了「阿里雲」，並且在中國市場取得市占率第一的地位。阿里巴巴在日本也與軟體銀行合資創立了「軟銀雲」（SB Cloud），為日本國內提供服務。

「阿里雲」的重點是用阿里雲為基礎，讓阿里巴巴集團的各項服務得以運作。請參照圖 1-7。

阿里雲之上有支付服務（支付寶）和物流服務（菜鳥），而這些平台之上，則可以見到集團事業的所有服務在此展開，包括定位為「電子商務」的天貓和淘寶、定位為「本地服務」的盒馬、定位為「數位媒體與娛樂」的影視發行服務優酷等。

阿里雲與 AWS 具有相同等級的基礎設施。使用阿里雲的企業當然可以儲存資料，除此之外，還享有ＡＩ的應用程式開發，和以ＡＩ進行深度學習的功能。也可以說阿里雲已經**能夠提供與ＡＷＳ不相上下的服務了**。根據阿里巴巴公司的分類描述，阿里雲的使用者遍及世界上十九個「區域」（地理上獨立的地域類型）和五十六個「可用區域」（獨立資料中心的所在地），已經獲得十分廣泛的使用。

◆帶動汽車和都市走向智慧化的AliOS

阿里巴巴也擁有**不輸給 Amazon Alexa 的開放平台**，名為「AliOS」，於二〇一七年九月問市。

圖1-7
阿里巴巴集團的主要產業

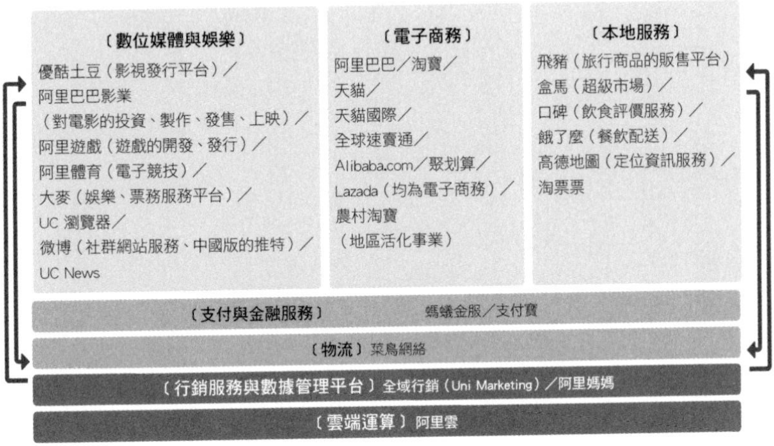
〔數位媒體與娛樂〕
優酷土豆（影視發行平台）／
阿里巴巴影業
（對電影的投資、製作、發售、上映）／
阿里遊戲（遊戲的開發、發行）／
阿里體育（電子競技）／
大麥（娛樂、票務服務平台）／
UC 瀏覽器／
微博（社群網站服務、中國版的推特）／
UC News
〔電子商務〕
阿里巴巴／淘寶／
天貓／
天貓國際／
全球速賣通／
Alibaba.com／聚划算／
Lazada（均為電子商務）／
農村淘寶
（地區活化事業）
〔本地服務〕
飛豬（旅行商品的販售平台）
盒馬（超級市場）／
口碑（飲食評價服務）／
餓了麼（餐飲配送）／
高德地圖（定位資訊服務）／
淘票票
〔支付與金融服務〕 螞蟻金服／支付寶
〔物流〕菜鳥網絡
〔行銷服務與數據管理平台〕全域行銷（Uni Marketing）／阿里媽媽
〔雲端運算〕阿里雲

出處：參考阿里巴巴等網站，由作者製作

從技術的概念來說，Alexa 和 Google 助理十分相似。只要在平板電腦等行動裝置和喇叭、家電製品、汽車等搭載 AliOS，就能夠讓該製品智慧化。我們可以把它想成是讓各種物品物聯網化的基本軟體。

AliOS 的特徵是開放平台。第三方製造商也能夠用 AliOS 開發出自己的物聯網製品、智慧型裝置和服務。這個策略也與 Alexa 和 Google 助理的方向相同。

舉例來說，位於上海的中國大型汽車製造商上海汽車正在開發中的自動駕駛電動車就搭載了 AliOS。除此之外，與美國的福特合作、針對中國開發的自動駕駛電動車也使用了 AliOS，還有法國的寶獅汽車，在中國當地法人開發的寶獅自動駕駛電動車中，也採用了 AliOS。

中國政府於二〇一七年十一月發表的《國家新一代人工智能開放創新平台》中，將ＡＩ產業定位爲國家策略，並且決定了四大主軸及各被交付的公司。其中**阿里巴巴被委託的國家政策產業是「城市的ＡＩ化」**。除了自動駕駛之外，與都市相關的所有項目（例如交通、航道、能源等基礎設施）都要數位化，挖掘出大數據，以此爲基礎，利用ＡＩ爲社會提供最適當的解決方案（例如化解交通阻塞、警察和急救的處理、都市計畫等）。要實現這種智慧城市也必須依靠 AliOS。

阿里巴巴在杭州的總部「阿里巴巴園區」周邊，是由阿里巴巴的總部、阿里巴巴初創設的最尖端實體商業設施和未來型態的智慧旅館、阿里巴巴員工居住的地方所組成的，此區已經展現出智慧城市的樣貌了。住處屋頂上都設置了可再生能源發電的太陽能板。我認爲阿里巴巴園區本身就是一個眞正的平台和商業生態圈，或許也可以被當成是中國近期未來城市設計的象徵。

除此之外，阿里巴巴還發表了他們在ＡＩ、金融科技、物流等領域都和中國第十九個國家級新區雄安新區政府有合作；在公共交通計畫方面，也與上海申通地鐵集團合作，將ＡＩ技術導入上海的地下鐵。AliOS 已經廣泛的深入中國社會中了。

◆集團中擁有七間獨角獸企業

到目前爲止，我們已經大致介紹了阿里巴巴的重點產業。阿里巴巴除了和 Amazon 相比完全不遜色之外，甚至從上文的描述看來，在某些方面還超越了 Amazon 的成績。

阿里巴巴集團內部擁有數個顯著成長的企業，這點也很値得注意。

美國市調公司 CB Insights，在二〇一七年五月指出，中國共有四十七間象徵企業高度成長的「獨角獸企業」（指創立十年以內，市價總値達十億美元以上的非上市公司），在全世界的國家中僅次於美國。其中光是阿里巴巴集團內的企業就占了七間，從這個數字也可看出阿里巴巴的急速成長。

06 阿里巴巴的五因子分析

以「道」「天」「地」「將」「法」所做的策略分析

接下來，我同樣使用五因子方法分析阿里巴巴。

◆阿里巴巴的「道」

提到阿里巴巴時，絕對不能不提的是它背後對於社會的強大使命感，也就是五因子方法中「道」的重要性。

阿里巴巴在二〇一八年九月的「投資者日」，揭示其公司的任務是「讓天下沒有難做的生意」（TO MAKE IT EASY TO DO BUSINESS ANYWHERE）。不過，創辦人馬雲只要抓到機會總是說，阿里巴巴的雄心壯志是要「在二〇二〇年之前，讓阿里巴巴的流通總額達到

圖1-8
以五因子方法分析「阿里巴巴的整體策略」

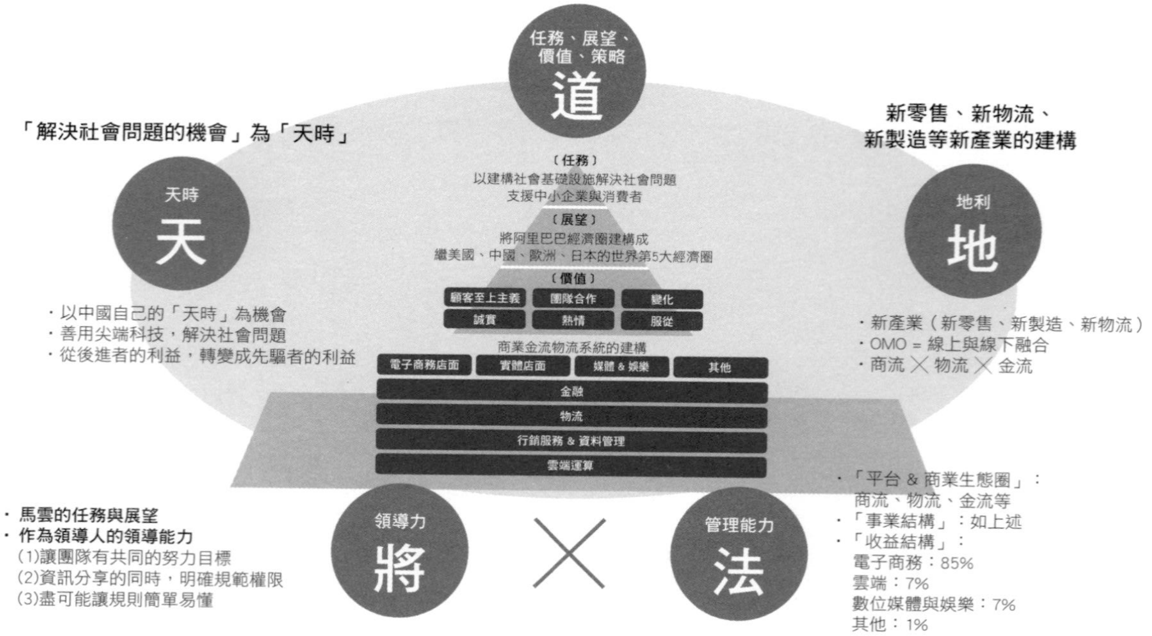

「解決社會問題的機會」為「天時」
天時
天
・以中國自己的「天時」為機會
・善用尖端科技，解決社會問題
・從後進者的利益，轉變成先驅者的利益
任務、展望、價值、策略
道
〔任務〕
以建構社會基礎設施解決社會問題
支援中小企業與消費者
〔展望〕
將阿里巴巴經濟圈建構成
繼美國、中國、歐洲、日本的世界第5大經濟圈
〔價值〕
顧客至上主義
團隊合作
變化
誠實
熱情
服從
商業金流物流系統的建構
電子商務店面
實體店面
媒體 & 娛樂
其他
金融
物流
行銷服務 & 資料管理
雲端運算
新零售、新物流、
新製造等新產業的建構
地利
地
・新產業（新零售、新製造、新物流）
・OMO = 線上與線下融合
・商流 ╳ 物流 ╳ 金流
領導力
將
・馬雲的任務與展望
・作為領導人的領導能力
(1)讓團隊有共同的努力目標
(2)資訊分享的同時，明確規範權限
(3)盡可能讓規則簡單易懂
管理能力
法
・「平台 & 商業生態圈」：
商流、物流、金流等
・「事業結構」：如上述
・「收益結構」：
電子商務：85%
雲端：7%
數位媒體與娛樂：7%
其他：1%

一兆美元，使阿里巴巴成為繼美國、中國、歐洲、日本之後的世界第五大經濟平台」「在二〇三六年之前創造全球一億人的工作機會、為二十億消費者提供服務、讓一千萬間的中小企業在阿里巴巴的平台上進行商業活動」，這樣的未來展望隱含的是要成就**「以建構基礎設施來解決社會問題」的大義**。

我認為簡單來說，阿里巴巴的任務是要「讓生意變得容易」，也就是說它真正的任務還是要「解決社會問題」。一直以來，馬雲在他的發言中經常提到「為了中國」「為了讓世界變得更好」，他大致也都付諸實行，或甚至已經實現了。

舉例來說：阿里巴巴旗下的各種電子商務事業，就是基於支援中小企業的使命所建構的基礎設施。也就是說，阿里巴巴提供的電商網站、物流服務、金融服務都是為了解決社會問題。

中國原本就有「抓大放小」的政策：金融和通訊、電力、鐵路等基礎產業皆由國營企業負責，而其他較接近消費市場的產業或與網路相關的新興產業，則放由民間的中小企業經營，此外還有靠著網路活化各產業的「互聯網+」、以高度強化製造業為目標的「中國製造二〇二五」等政策。阿里巴巴比任何企業都更能夠彰顯出這些「為了中國」的政策，因此可以說阿里巴巴正是現代中國的象徵。

◆阿里巴巴的「天」

阿里巴巴的「天」和「道」也有密切的關係。對阿里巴巴而言，「天」就是「解決社會問題的機會」。

其中一個象徵性的事例就是阿里巴巴利用天貓等平台，將「家族事業」這類**由家人一起經營的小規模零售店數位化**。從二〇一七年開始，阿里巴巴便藉著「天貓小店」讓各地的家族事業數位化，成爲實質上的經銷商，形成一種緩慢連結的集團。

香山誠指出這類家族事業在中國共有六百萬間店鋪，消費額達數百兆日元，支撐起大約八億人的生活，他接著又講了下述一段話：

「阿里巴巴集團雖然大致完整掌握了沿海地區五．五億人口的消費資料，不過卻完全無法開展小型市鎮的家族事業。由於策略上希望優先取得這類資料，因此要讓現有的六百萬間店鋪朝向數位化便利商店的方向發展。在這一年半中，已經完成了一百萬間店鋪的完全數位化。」

「日本以前一百七十萬間的超市和便利商店，現在也減少到大約一百萬間，而且大部分由法人所經營。過去在商店街和住家附近皆有家族經營的商店，後來都被超市和便利商店淘汰了，而現在，輪到這些超市和便利商店被新的破壞者：電子商務給攻陷。如此一來，年長者賴以生活的基礎設施都被破壞了。」

「爲了讓中國不要步上這樣的後塵，我們想要先一步將家族經營的商店數位化。阿里巴巴集團在這個領域也掌握了哪些東西在賣、哪些東西是不可或缺的資訊。因此，數位化便利商店（也就是過去家族經營的商店）應有的商品在中國國內的小型市鎭也都能夠取得，我們花了一兆日元投資興建了如天羅地網般的物流網，從頭開始打造一切。」（《企業家俱樂部》二〇一八年十月號）

打造家族事業的數位化是阿里巴巴的商業機會，不過同時也是爲了達到解決中國社會問題的目標。家族商店的經營者無法憑藉自己的力量追上時代的變化，而對於他們和住在偏遠城市、必須光顧這類家族商店的顧客來說，家族商店的存在是至關重要的。阿里巴巴認定的任務也是要扶持這類家族商店，讓中國的整體經濟獲得進一步的提升。

◆阿里巴巴的「地」

一言以蔽之，阿里巴巴的「地」就是**「建構新零售、新物流與新製造」**。

阿里巴巴在二〇一六年底的技術大會中，發表了「新零售」的概念。馬雲認爲**在今後的**

十到二十年間，過去的線上商業會消失，取而代之的是運用科技發展出 OMO 的新零售。

談到阿里巴巴的新零售策略，前文介紹的盒馬是一大象徵。盒馬利用科技提供全新的顧客體驗，也獲得了高度支持。家族商店的數位化也是新零售策略的一環。阿里巴巴快速發揮了「現實世界 × 網絡世界」的乘法，在現實世界的業務可以說領先 Amazon 甚多。

除了這項新零售之外，阿里巴巴現在還提出了「新物流」和「新製造」。

關於物流，前文也介紹過阿里巴巴如何利用尖端科技發展物流服務，而「新製造」是馬雲在二〇一八年九月的技術大會中強調的新概念，在此也加以說明。

阿里巴巴針對需求方，也就是消費相關領域提出了「新零售」，並對於供給方，也就是製造相關領域提出了「新製造」。馬雲這樣說明此概念：「相較於在五分鐘內製造出同樣兩千件衣服，在五分鐘內製造出兩千種衣服才是比較重要的，這樣的時代已經來臨了。」傳統製造業必須藉由大量生產產生規模利益，從而減少成本，他也預測在今後的十五到二十年間，傳統製造業將面臨困境，能夠反映出消費者個性的新型製造業「新製造」則會誕生（《*Diamond Chain Store*》（ダイヤモンド・チェーンストア）二〇一八年十一月一日號）。

新製造會配合個人的需求，就算只有一、兩件也會生產，從這一點來看，與其說它是製造業，其實比較接近服務業。這樣的製造模式的確讓人驚訝，不過阿里巴巴既然擁有數量龐大的消費者大數據和能夠分析的ＡＩ，那麼能極精密掌握消費者的需求，連極少量的產品都能夠提供，似乎也不是癡人說夢。Amazon 利用大數據×ＡＩ將「『察覺』的科技」發揮得淋漓盡致，而阿里巴巴則把大數據×ＡＩ用於**推動製造業的服務業化**。

◆阿里巴巴的「將」

那麼創立阿里巴巴的「將」：馬雲，又是怎麼樣的人呢？如果說創立 Amazon 的貝佐斯是以先見之明帶領公司，用「希望未來會如何」的遠大夢想來鼓舞他人，那麼馬雲就是用使命感領導他人，他會用「應該讓中國、世界變成的願景」這樣社會性的使命來吸引大家。

我為了探索馬雲這個人物的形象，還曾邀請中國留學生和中國商人訪談。訪談中得到的馬雲形象有「偉人」「英雄」「神」「中國夢的象徵」等。可見當代中國人相當尊敬馬雲，並將他視為英雄。

在本書討論的四個中國企業ＢＡＴＨ（百度、阿里巴巴、騰訊、華為）的經營者中，馬雲的存在感突出得難以忽略。一直以來，馬雲抱持的態度都是：「為了中國的需要而建設基礎設施」「想要讓世界變得更好」，這讓他深獲許多中國人的認同。

中國的許多年輕經商者也都受到馬雲的影響，「想要自己創業」「希望能夠為中國貢獻」，這樣想的人數一定遠超出我們的想像。馬雲說要「爲了中國的需要建設基礎設施」也絕非空言，正是因爲他實現了自己曾經說過的話，才能夠受到尊敬、被視爲中國人的「神」。

◆阿里巴巴的「法」

最後，讓我們來確認一下阿里巴巴的商業模式與收益結構。

用一句話來說，阿里巴巴的商業模式就是「建立許多平台，用建構社會基礎設施的方式來解決社會問題」。在此必須強調**這個商業模式主要是爲了支援中小企業**。所有電子商務網站的設計，不論是 B to B 的「阿里巴巴」、C to C 的「淘寶」或是 B to C 的「天貓」，都是爲了讓中小企業能夠在平台上展開商務活動。

檢視阿里巴巴二〇一八年四月到六月財報資料的收益結構，可以知道歸類爲電子商務的事業範疇占了阿里巴巴營業額的八六%。這個範疇除了電子商務之外，也包括了盒馬等實體店鋪，以及物流服務菜鳥。已經取得中國雲端服務第一位市占率的阿里雲也成長到營業額的六%。除此之外，數位媒體與娛樂占了七%，其他項目則是一%。

從營業額營業利益率中可以看出阿里巴巴與 Amazon 的最大不同點（「營業利益」是根據阿里巴巴於二〇一八年六月的財務報告，並使用 EBITA〔扣除利息、稅項、折舊和攤銷前的營利〕）。其中的電子商務為四七%，的確帶來許多收益，不過雲端運算（阿里雲）是負十%，數位媒體與娛樂是負五二%，其他則是負一一四%。

也就是說，阿里巴巴**藉由電子商務獲利，再把利潤投資到其他事業**。舉例來說，阿里巴巴的數位媒體／娛樂也像Netflix和Amazon尊榮會員一樣，開始在影視發行產業中製作自己的內容，因此前期的投資所費不貲。這種收益結構可以和**Amazon對照：Amazon是以AWS賺得大筆利潤，再以此來彌補其他領域的較低利益率**。

圖1-9-1
阿里巴巴的收益結構

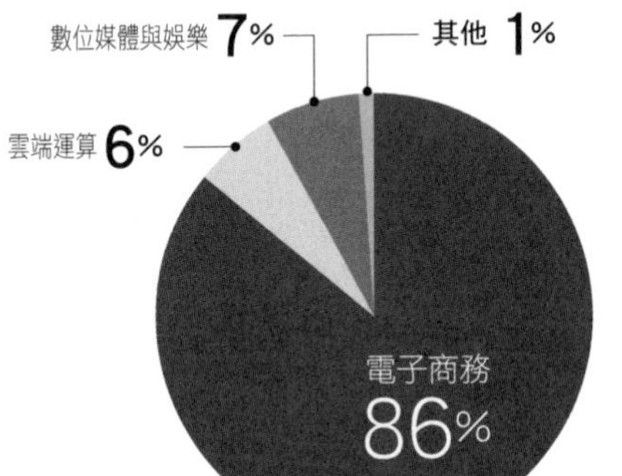

數位媒體與娛樂 7%
其他 1%
雲端運算 6%
電子商務
86%

出處：阿里巴巴於 2018 年 6 月的財務報告，由作者製圖

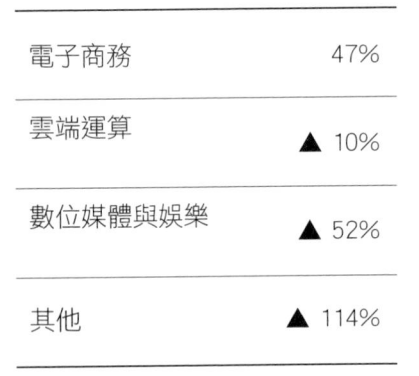

圖1-9-2
阿里巴巴的營業額營業利益率

電子商務	47%
雲端運算	▲ 10%
數位媒體與娛樂	▲ 52%
其他	▲ 114%

註：「營業利益」是根據阿里巴巴於2018年6月的報告，並且使用EBITA（扣除利息、稅項、折舊和攤銷前的營利）

再補充一點，阿里雲在雲端運算服務中算是後起之秀，還處於需要投入相當大資金的階段，因此以現在這個時點來看，負十%的營業利益率已經算是很高的水準了。我認爲營業利益率遲早會轉爲正值，並且帶動阿里巴巴的業績。

到此爲止，我們已經探討了阿里巴巴這個企業所推動的產業和阿里巴巴的五個因子。掌握了阿里巴巴整體圖像之後，讓我們再來看看幾個需要個別討論的論點。

07

馬雲「神」退休的意義

與中國政府的蜜月期結束了？

經營者馬雲被中國人稱之為「神」，並且散發領袖魅力，不過卻在二〇一八年九月宣布將在一年之後退休。

報導中指出馬雲退休後，董事會主席之位將由現任集團執行長張勇接任，馬雲還會繼續擔任董事會成員，直到二〇二〇年的股東大會，公司也會一直由經營幹部組成的「阿里巴巴合夥人」所主導。原為教師出身的馬雲曾經說過「老師總是希望學生超越自己。因此，如果能夠把幹部職位讓給更年輕、有才能的人，對我自己和社會而言，都是負責任的做法」，馬雲還表示他希望能夠回歸教育界（出自 BBC 報導〈阿里巴巴的馬雲將會在二〇一九年九月下台〉（Alibaba's Jack Ma to step down in September 2019）。

在馬雲發表退休的將近三個月之後，也就是十一月底時，出現了一則相當令人驚訝的報導。中國共產黨的黨報《人民日報》列舉了對中國經濟發展有貢獻的一百人名單中，也提到了馬雲，並且在介紹詞中**說馬雲是共產黨員**。

我在前文中說過馬雲總以使命感來領導別人。從他話裡的細微之處和已經實現的事業，都可以感受到他很熱烈的在「追求中國的需要」。前文亦提過，阿里巴巴近年來也對家族經營的商店提供支援，並且著手展開活化地方事業等，與 Amazon 創辦人貝佐斯被稱爲「Amazon 死亡指數」的做法形成對照。

因此，當我得知馬雲是共產黨員時，就對於他背後強烈的動機感到瞭然於心了。大概在他心中，覺得要和中國政府一起爲中國的發展做出貢獻吧！

而且既然他有這樣的背景，阿里巴巴勢必也獲得中國政府相當多的保護，這也成了阿里巴巴成長的源頭。

馬雲決定退休的眞實想法沒有任何人知道。不過在他發表退休決定的時候，也有耳語傳聞這**與政治有關**。

阿里巴巴，尤其是集團企業螞蟻金服所提供的支付寶，在中國的影響力極爲巨大，從存款到阿里巴巴集團的貨幣市場基金等資金流向都被視爲問題，也看得到中國金融當局要對阿里巴巴加強管制的動向。馬雲在過去一直與中國政府處於蜜月期，有一個說法是認為雙方關係出現了裂痕，在各方考量之下，馬雲才決定從高層退下來。在這類臆測滿天飛的時間點上，中國共產黨卻突然公開了馬雲的共產黨員身分。

將此事公諸於世帶來了兩大結果。

其一是對阿里巴巴的商業造成打擊。阿里巴巴如果想在日本和歐美擴張事業，創辦人和中國共產黨之間的緊密連結說不定反而會造成阻礙。因此，馬雲自己應該也不希望公開他的共產黨員身分。反過來說，這大概代表**中國政府和馬雲之間發生了什麼衝突**。我認為這應該是可以確定的。

另一個結果則表示中國有與美國正面對戰的覺悟。在這個時間點公布了馬雲是共產黨員，其背景正是美中貿易戰和更進一步的美中新冷戰。

不管如何，這一連串的報導使得**阿里巴巴和中國風險畫上了等號**。現在如果阿里巴巴想正式在美國推出為美國人設計的商品和服務，算是十分困難了。也不難想像阿里巴巴現在已經不太能夠獲得中國政府的保護和支援。

在日本公認的「中國通」人士之間，也有人對馬雲是共產黨員一事，指出「在中國，身為共產黨員並不是什麼值得大驚小怪的事」。相較於海外一片「驚訝和失望」的情緒，這種見解顯得相當獨特。

中國是由共產黨一黨獨裁的國家，如果讀過《共產黨章程》，尤其是關於黨員義務的規定，就可以知道黨員要在沒有利益衝突的情況下經營民間企業十分困難。我認爲由此就可以理解問題的所在和盤根錯節的程度。

08

深入解讀ＯＭＯ走在前面的阿里巴巴

比 Amazon 更先一步

如前所述，**在實體店鋪方面，阿里巴巴比 Amazon 走得更前面**。馬雲在二〇一六年發表了「新零售」概念和ＯＭＯ，並且以盒馬作爲象徵例子。

大略來說，盒馬的服務是讓顧客在實體店鋪購買商品之後，可以在當場請店家料理食材、直接享用，除此之外，也可以在線上訂購，免費宅配到家，具有十足的便利性。假如在店裡決定了要買什麼，但是那項商品並不是當場需要的，也可以利用盒馬的應用程式、掃描 QR Code，把商品加入線上購物車，過一會兒之後再送到家裡。這當眞就是ＯＭＯ的最好示範。也因爲**線上與線下的資訊完全同步化**，所以實體店鋪陳列的商品和盒馬應用程式顯示的商品會完全一致。

另一方面，阿里巴巴的特點在於不用具匿名性的現金，而是用支付寶付帳，這樣做的優點是可以獲得詳細的購買資訊。

盒馬的這種價值鏈結構和阿里巴巴集團的產業分級結構合起來，就構成了圖 1-10。價值鏈結構是指商品從採購到進入店鋪、由消費者選購、實際買入手、到後來的售後服務這個流程。解讀這張圖讓我們可以更加理解阿里巴巴在領先的 OMO 領域所做的事。其實並不只有「新的零售」。

◆阿里巴巴事業的階層結構

首先，讓我們仔細探討事業的階層結構。

阿里巴巴集團的事業是靠階層結構中最底層的雲端運算服務**「阿里雲」**所支撐起來的。阿里巴巴集團的所有事業都靠著阿里雲在運作。

負責物流的是**「菜鳥網絡」**。該集團企業揭示的任務是「可在二十四小時內，送至中國國內任何地方」「與全世界的物流公司簽訂合作關係，在七十二小時內送至世界上任何地方」，並且監看電子商務企業所提供的物流資料，處理發生異常的物流案件，即時掌握正確的物流狀況。還運用科技，協助企業管理物流資訊和對於異常物流的管控，削減物流的花費

圖1-10

阿里巴巴在新零售的領先戰役：盒馬的價值鏈結構

價值鏈結構

價值鏈結構的要素	商品採購	商品入庫	顧客選購	顧客購買	付帳	烹調	配送	服務
內容及特徵	可追蹤性	於入庫當日販賣	可於智慧型手機的應用程式檢視	可於線上或線下購買	原則上用支付寶付帳	可當場烹調	3km內在30分送達	CRM
大數據	生產者履歷	商品資料、入庫資料	搜尋資料	購買歷史紀錄	付帳資料	喜好資料	配送資料	顧客資料

階層結構

食品配送	盒馬鮮生及餓了麼
娛樂	優酷
行銷	阿里媽媽
個人信用資訊	芝麻信用
金融	支付寶
區塊鏈	阿里巴巴區塊鏈
物流	菜鳥網絡
雲端運算	阿里雲

和提升物流的服務品質。菜鳥對於物流系統的知識也可以擔保盒馬在供應商品時的配送過程。

而盒馬所處理的生鮮食品則是用**「阿里巴巴區塊鏈」**確保可追蹤性，讓品質獲得保證。盒馬店內的商品會在外包裝和標價牌上加上 QR Code，只要用智慧型手機的應用程式掃描，就能獲得商品的詳細資訊。以肉類和蔬菜爲例，一眼就可以了解其產地、採收日期、加工日期、來到店鋪之前的配送紀錄。中國過去發生過許多食安問題，現在只要善用科技，就可以貫徹資訊的公開，有助於獲得消費者的信賴。在全世界可能還沒有幾個例子可以做到這種程度的可追蹤性。

盒馬的付帳方式大多使用支付寶。只要透過支付寶，除了線上購物之外，即使在實體店鋪，盒馬也能夠蒐集「哪一位顧客在何時、何地買了什麼」這類詳細的資訊。**「芝麻信用」**則會根據支付寶的使用紀錄等，取得個人的信用資訊。盒馬想要利用這個資訊來區別顧客，而盒馬的行銷則是由集團內的科技行銷平台**「阿里媽媽」**負責。爲盒馬提供商品的企業也可以用阿里媽媽促銷商品。

「優酷」則是阿里巴巴的數位媒體與娛樂事業之一，是中國最大的影視發行平台。盒馬在宣傳時也會用到優酷的影視。

關於食品的配送，値得關注的是阿里巴巴在二〇一八年四月用大約二千七百八十五億台幣收購了餐飲配送企業**「餓了麼」**。現在還不太清楚此舉能對盒馬發揮什麼作用，不過可以預期食品配送事業在中國的競爭會益發白熱化，在這樣的趨勢中，餓了麼無疑具有重要的角色。餓了麼於二〇〇八年設立，總部位於上海，經營範圍橫跨中國兩千個城市，登錄的餐廳有一百三十萬家，登錄的使用者則有兩億六千萬人。登錄的司機人數也達到將近三百萬人。在二〇一七年，中國的食品配送市場是由阿里巴巴、騰訊和百度三間公司在競爭，不過因爲餓了麼被收購，所以到了二〇一八年底，阿里巴巴集團已經掌握一半以上的市占率了。

◆盒馬的價値鏈結構

下文將接著討論盒馬的價値鏈結構。盒馬的價値鏈可以分成八個要素來探討：①商品採購、②商品入庫、③顧客選購、④顧客購買、⑤付帳、⑥在店裡烹調、⑦配送、⑧購買後的售後服務。這個價値鏈再加上盒馬的事業階層結構，就可以看出盒馬帶來的**「新零售」商業全貌**了。

在商品採購階段，以阿里巴巴區塊鏈確保所有商品的可追蹤性，並且累積生產者的資料。

透過盒馬的線上訂購，以及在實體店鋪使用支付寶付帳的資料，便能蒐集所有的購買資料，因此每一間店鋪就可以各自掌控相關資料。盒馬沒有庫存倉庫，用這樣的方法就可以徹底做到「當日入庫、當日販賣」。

顧客在選購商品時，可以用智慧型手機的應用程式查看商品資訊。搜尋的資訊會留在線上，也可以用於分析顧客的需求。

顧客在購買時會重複操作，因此幾乎可以取得所有的購買資料，正確的記錄和分析「是誰、在何時、買了什麼」，這一層意義絕對是過去的銷售時點情報系統（POS）的資料所望塵莫及的。

如果顧客希望在店裡烹調，盒馬又可以取得顧客的喜好資料，就可以比較精密的預估商品應該如何進貨。

在配送方面，則希望建立起送貨網，讓店鋪方圓三公里的範圍內都可以在三十分鐘內免費送達。這可能也有助於累積配送資料，算是爲阿里巴巴集團日後想要在「最後一哩路」稱霸的企圖找到了有效的做法。

要實現上述所有趨勢，就要靠「客戶關係管理」（CRM）與每一名顧客長期維持關係了。

◆實現數位轉型

分析盒馬讓我們具體理解了「數位轉型」的意義。數位轉型這個詞有各種解釋方式，不過日本的經濟產業省在二〇一八年九月發表的《數位轉型報告》中，介紹了 IDC Japan 這個 IT 領域研調機構的定義：「當企業面對外部商業生態圈（顧客、市場）具有破壞性的變化時，一方面發動內部商業生態圈（組織、文化、員工）的變革，並且利用第三方平台（雲端、移動服務、大數據／分析、社群技術），透過新的產品與服務、新商業模式，改革網路及實體兩方面的顧客體驗，以創造價值，確保競爭的優勢。」

或許在還不知道盒馬的情況下，先讀到這段文字，只有少數人能夠在腦中對盒馬浮現具體的形象吧，不過只要把**盒馬引起的商業變革看成數位轉型的實踐**，就能夠理解這段說明的意義了。

只用一句話把盒馬概括成「新零售」「OMO 超市」，可能小看了阿里巴巴正在做的事。大概除了盒馬專賣的生鮮食品之外，就連服裝或家電等產品的相關領域，阿里巴巴都會帶來更強大的數位轉型。

我造訪了阿里巴巴杭州總公司旁，位居商業大樓地下一樓、堪稱最先進的盒馬，我感覺到盒馬除了是新零售之外，在智慧城市的整體構想中，也具有策略上的重要性，甚至還帶有威脅性。阿里巴巴的做法就是要讓城市整體和其中的重要內容都完成數位轉型。

第二章

Apple × 華為

平台與硬體製造商
如何渡過「衝擊」？

本章宗旨

第二章要討論的是在美中擁有強大存在感的智慧型手機「製造商」Apple和華爲。這兩間公司雖然都是從「製造產品」（也包括開發智慧型手機在內）起家，不過後來的事業發展和目標卻大不相同。簡單來說，就是兩者分別成了平台和硬體製造商。

除了iPhone終端裝置之外，Apple還掌握了iOS，爲全世界的應用程式開發者建構了平台，可以在其上提供和販賣應用程式。在另一方面，華爲則一直堅守硬體製造商的路線，「以擁有全世界最先進的科技爲傲」。

下文將會探討兩間公司的實際狀況和策略，以及在二〇一八、一九年間各自面臨的重大衝擊：Apple因下修了預期業績而股價下跌，華爲則在副董被逮捕之後，造成全世界的股票同時下跌；以及兩家公司今後的改變和最新狀況的分析。

01 Apple的企業實際狀況

製造商＋平台的建構者

應該有很多人認為Apple的企業形象很鮮明吧！各項具有獨特設計的產品，像iPhone和iPad、Mac等，支持者的忠誠度都很高，Apple每次發表新機型時，也會獲得全世界的高度關注、占據媒體的大量篇幅。本書的讀者中，應該也有很多人使用iPhone和筆記型電腦MacBook、音樂串流媒體服務「Apple Music」。

不過，如果問起Apple這個企業究竟採取什麼策略時，被問到的人可能會詞窮吧！我在下文將試著整理其整體面貌。

◆全世界首間市價總值超過一兆美元的公司

智慧型手機已深入全世界，幾乎到了沒有智慧型手機就無法生活的程度。而智慧型手機中，尤以一年可以在全世界銷售兩億支的 Apple iPhone 具有格外令人無法忽視的存在感。

自從二〇〇七年 iPhone 開賣以來，就帶動了 Apple 的業績，因此在二〇一八年八月成爲全世界第一個市價總值超過一兆美元的公司。當時的股價和二〇〇七年相比已經成長了十二倍，Apple 在股票市場的企業價值評比也達到前所未見的高峰。

Apple 公司原本的名稱叫「蘋果電腦」。如同這個名稱所顯示的，當時是麥金塔電腦的製造商。雖然現在生產內容大幅擴充了，不過**還是一貫保持著「製造商公司」的定位**。

在二〇〇一年開始發售搭載硬碟的可攜式音樂播放器 iPod，二〇〇七年開始發售 iPhone，二〇一〇年則是開賣平板電腦 iPad。在各自的時代中，Apple 的商品分別帶動了可攜式音樂播放器、智慧型手機，以及平板電腦的市場。

Apple 之所以能夠經常領導市場，是因爲賣的不只是硬體，而是透過硬體**帶來一種新的數位生活型態**。以 iPod 爲例，Apple 賣的並不只是方便使用、優質的可攜式音樂播放器，還免費提供了 iTunes 這個管理軟體，透過 iTunes 提供音樂發行的服務。也就是說，「把想聽的歌曲買下來，之後隨時隨地都可以想聽就聽」，這在當時算是一種創新的數位生活型態。甚至可以說是音樂市場中的破壞性革新。

Apple 的這類構想，加上公司商品對於設計的一貫堅持，以及非常重視使用者經驗值（顧客體驗），造就了一群狂熱的 Apple 愛好者。

大概大家都同意 Apple 的上述態度創造了很高的品牌價值，所以我們**很難把 Apple 和其他硬體製造商相提並論**。

◆用 iPhone 賺兩次

iPhone 具有這麼高的品牌價值，和其他製造商的智慧型手機相比的特徵就是利益率非常高。當 iPhone 之外的其他智慧型手機都陷入價格戰的泥沼時，Apple 的 iPhone 卻還是能夠以利潤很高的價格出售。

從全世界智慧型手機市場的發售數量來看，在二〇一七年四月到六月期間，銷量奪冠的韓國三星大約賣出七千九百八十萬支。Apple 大約賣出四千一百萬支，數量大約只有三星的一半。但是，Apple 販賣 iPhone 的利潤卻占了業界總利潤的九一％。也就是說，**Apple 獨占了全世界智慧型手機市場的利潤**（《四大 IT 所描繪的未來》（ＩＴビッグ４の描く未来））。

iPhone 和其他智慧型手機不同的地方還有一點，就是**搭載了 iOS**。

其他公司的智慧型手機大概都是搭載 Google 爲智慧型手機開發的作業系統：Android。Android 的大部分使用者都是在 Google 經營的應用程式商店「Google Play」下載 Android 適用的應用程式，如此才能夠使用智慧型手機的功能、享用音樂和遊戲等內容。也就是說 Android 智慧型手機的平台就是 Google。

在這一點上，Apple 不僅有 iPhone 這個硬體，還發展了 iOS，因此 iPhone 使用者要在 Apple 經營的「App Store」下載應用程式。換句話說，Apple 並不只是智慧型手機的製造商，**它還建構了平台，讓全世界的應用程式開發者可以在平台上提供和販售應用程式**。

如果應用程式的開發者在販售 iPhone 和 iPad 的應用程式時收費了，就必須繳交賣價的三成給 Apple 當成手續費。這和智慧型手機製造商的商業模式可以說是完全不同，智慧型手機製造商的商業模式是「在賣完硬體之後，交易就結束了」。

在二〇一六年九月，由 App Store 和音樂串流媒體服務「Apple Music」等音樂發行服務構成的 Apple 服務部門達到兩百四十三億美元的營業額，而在二〇一八年九月更是增加到三百七十一億美元。

隨著智慧型手機的普及，買新換舊的循環週期益發拉長，這也讓 iPhone 的販賣趨勢籠罩陰影，不過如果仔細觀察上述的市場環境，我們應該可以預期 Apple 今後還會更進一步擴大其服務部門。

02 Apple 的五因子分析

以「道」「天」「地」「將」「法」所做的策略分析

讓我們以「道」「天」「地」「將」「法」的分析來掌握 Apple 公司的整體面貌。請參照圖 2-1。

◆Apple 的「道」

Apple 並不像 Amazon 或 Facebook 那樣明確表明公司的任務，不過品牌形象很清楚。廣告中也一再傳達出「領先」「重新定義」「掀起革命」等訊息，顯示出 Apple 的世界觀。

應該有不少人對 Apple 的電視廣告詞印象深刻，包括「不同凡想」（Think different.）「你的人生之詩 = 以自己的方式而活」（Your Verse）。這些廣告詞透露的訊息是 Apple 希

圖2-1
以五因子方法分析「Apple 的整體策略」

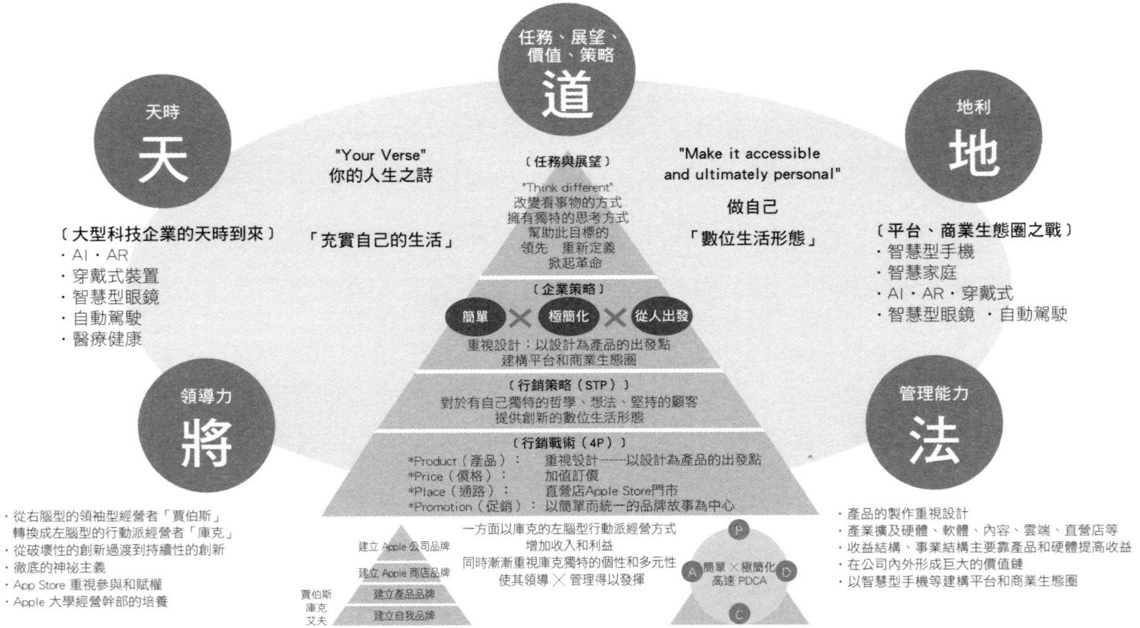
天時
天
〔大型科技企業的天時到來〕
・AI・AR
・穿戴式裝置
・智慧型眼鏡
・自動駕駛
・醫療健康
任務、展望、價值、策略
道
"Your Verse"
你的人生之詩
「充實自己的生活」
〔任務與展望〕
"Think different"
改變看事物的方式
擁有獨特的思考方式
幫助此目標的
領先　重新定義
掀起革命
"Make it accessible and ultimately personal"
做自己
「數位生活形態」
地利
地
〔平台、商業生態圈之戰〕
・智慧型手機
・智慧家庭
・AI・AR・穿戴式
・智慧型眼鏡　・自動駕駛
〔企業策略〕
簡單
極簡化
從人出發
重視設計：以設計為產品的出發點
建構平台和商業生態圈
〔行銷策略（STP）〕
對於有自己獨特的哲學、想法、堅持的顧客
提供創新的數位生活形態
〔行銷戰術（4P）〕
*Product（產品）：　重視設計——以設計為產品的出發點
*Price（價格）：　加值訂價
*Place（通路）：　直營店Apple Store門市
*Promotion（促銷）：以簡單而統一的品牌故事為中心
領導力
將
・從右腦型的領袖型經營者「賈伯斯」轉換成左腦型的行動派經營者「庫克」
・從破壞性的創新過渡到持續性的創新
・徹底的神祕主義
・App Store 重視參與和賦權
・Apple 大學經營幹部的培養
建立 Apple 公司品牌
建立 Apple 商店品牌
建立產品品牌
建立自我品牌
賈伯斯
庫克
艾夫
一方面以庫克的左腦型行動派經營方式
增加收入和利益
同時漸漸重視庫克獨特的個性和多元性
使其領導 × 管理得以發揮
管理能力
法
P
A
D
C
簡單 × 極簡化
高速 PDCA
・產品的製作重視設計
・產業擴及硬體、軟體、內容、雲端、直營店等
・收益結構、事業結構主要靠產品和硬體提高收益
・在公司內外形成巨大的價值鏈
・以智慧型手機等建構平台和商業生態圈

望透過產品和服務，支持每個人保有自己的觀點、在生活中做自己。我認為 Apple **如此堅持「支持人們做自己」**，應該也算得上是使命感了。

Apple 的這種使命感應該是繼承了二〇一一年離世的創辦人史帝夫．賈伯斯的想法。賈伯斯過去曾有一段時間被 Apple 趕走，他重回 Apple 之後，馬上在一九九七年的公開廣告中主打了「不同凡想」的觀念。廣告中用了許多改變這個世界的天才，像是愛因斯坦、約翰．藍儂、畢卡索的影像，再配上以下廣告詞：

「向那些瘋狂的傢伙們致敬／他們特立獨行，他們桀驁不馴，他們惹事生非／他們格格不入，他們不人云亦云／他們不墨守成規／他們也不安於現狀／你可以稱讚他們，引用他們／反對他們，質疑他們，頌揚或是詆毀他們／但唯獨不能漠視他們／因為他們改變事物／他們讓人類向前跨了一大步／或許他們是別人眼裡的瘋子／但卻是我們眼中的天才／因為只有那些瘋狂到以為自己能夠改變世界的人，才能真正改變世界。」

這則廣告集結了 Apple 想要透過自家公司的產品和服務向社會傳達的哲學。即使在賈伯斯過世之後，現任執行長提姆．庫克在 Apple 的經營中仍然繼續堅守這個哲學。

一般來說，在企業建立品牌時，最重要的就是讓**「經營者及創業者等個人發出的訊息」等同於「自我品牌」**。他們的想法和堅持會滲透到公司整體、產品和服務、店鋪等，建立起深入人心的品牌。在這一點上，賈伯斯對蘋果的強力訊息一方面透過他的繼承者庫克，一方面透過首席設計師強納生．艾夫將賈伯斯的堅持昇華爲產品，讓 Apple 直到今天都還保持著超越其他科技企業的強大品牌力。

◆Apple 的「天」

Apple 的「天」就是**支持每個人保有自己的觀點、在生活中做自己的機會**。

舉例來說，Apple 建構了 iPod 和 iTunes 平台提供音樂發行的服務，或是用 Apple Music 提供音樂串流服務，這些服務都揭示出一種讓人們更加自由的新型態數位生活。技術革新帶來通訊速度的提升，或是音樂業界從販賣 CD 轉向音樂發行、再進一步走向串流的媒體服務，這些動向都是在思索如何將音樂內容轉化成收益，也都被 Apple 視爲貫徹哲學的「機會」。

◆Apple 的「地」

蘋果的「地」是建構了 iPhone 和 iOS 平台，並且在此**確立商業生態圈**的商業模式。

在 iOS 上操作的應用程式必須經過 Apple 的審查，才能夠在 App Store 公開。經過審查並公開的應用程式如果有收費，必須繳交販賣金額的三成給 Apple 作爲手續費。即使應用程式是免費的，只要應用程式內有收取費用、或是有另須訂購的功能（定期購買服務），還是要支付一定比例的手續費給 Apple。這個平台上聚集了數百萬名應用程式開發者和超過十億名使用者。Apple 也說 App Store「已經成長爲洋溢著激情與活力的場所」。

◆Apple 的「將」

Apple 現在的「將」是庫克，不過要了解 Apple 的話，首先還是要認識創辦人賈伯斯。

賈伯斯無疑是數百年難得一遇的天才，不過在另一方面，他也擁有歷史上革命家共通的極端個性。在賈伯斯唯一授權的傳記《賈伯斯傳》中，寫到曾經有一次，合作的科技公司無法準時交出晶片，結果賈伯斯就衝進雙方的會議中，大罵他們是一群「他媽的沒種的混蛋」（Fucking Dickless Assholes）。該公司後來就都能做到準時供貨，而且公司主管還製作了背後印著大大的「沒種團隊」（Team FDA）的夾克。

此外，賈伯斯還是超凡的簡報高手和行銷人。在《大家來看賈伯斯：向蘋果的表演大師學簡報》一書中，作者卡曼．蓋洛稱賈伯斯的簡報效果「有如一劑多巴胺，直接注入觀衆的大腦」。許多人不僅很迷賈伯斯的簡報，也因此對 Apple 的產品抱持很高的期待，這甚至對於提升 Apple 的品牌價值也十分有幫助。

在製造產品方面，賈伯斯對細節十分堅持，幾乎到了偏執的程度，就連看不到的電路板晶片都要求必須排列得整整齊齊。

像這樣的人，任誰都無法取代吧！

和賈伯斯比起來，庫克可能很難擺脫「普通人」的印象，但是其實庫克也是位優秀的經營者，也絕對不乏領袖魅力。

經營者可以分成具有洞察力的右腦型領袖型經營者，和具有行動力的左腦型經營者。照這樣的二分法，賈伯斯絕對是右腦型的經營者，而庫克則是右腦和左腦兩者兼具的平衡型經營者。庫克在接受了「賈伯斯的接班人」這樣醒目的光環之際，也能夠善用這樣的平衡感，確實帶領像 Apple 這樣全世界的大企業。庫克擁有**「提升組織力的能力」**，這點是賈伯斯所欠缺的，應該獲得肯定。

庫克在出任執行長之後，公開出櫃坦承自己是同性戀，因此成了足以象徵美國多樣性和自由主義的人物。庫克現在自己也成了 Apple 的一項價值，可以發揮領導才能和管理能力。對於庫克的評價包括認爲他「能夠真誠的面對女性和不同人種、LGBT 的僱用機會問題；

對於個人隱私的保護和規定的支持，以及科技過度使用的問題也未曾迴避，多次提出要修正科技使用過度的問題」「庫克一直在推動對社會而言正確的事，追求讓企業和社會，甚至是讓人類能夠持續發展的事」（松村太郎《週刊東洋經濟》二〇一八年十二月二十二日號）。

庫克或許稱不上是革命型經營者，但仍舊是一位天才經營者。

◆Apple 的「法」

最後要討論的是 Apple 的收益結構。Apple 的產業擴及硬體、軟體、內容、雲端和直營店等，**不過主要還是靠著硬體製品提高營業額，這是它的特色**。

檢視 Apple 在二〇一九年第一季的營業額細目，就可以發現 **iPhone 占了其中六一・七%**。其次為服務部門一二・九%；Mac 為八・八%；iPad 為八・〇%。如果用區域來區分 Apple 的營業額統計，在北美大約四三・八%；歐洲是二四・二%；中華圈是一五・六%，日本是八・二%，其他亞洲太平洋地區也是八・二%（圖 2-2）。

在美中對立益發激烈的過程中，會不會發生中國不再使用美國產品、Apple 商品的狀況，是今後值得注意的事。

在二〇一九年一月發生了「Apple 衝擊」，市場受到震撼。Apple 年初時很快的將二〇一八年十月到十二月間的營業額向下修正，並且表示根據他們的預期，二〇一八年秋季發售的新型智慧型手機生產量將比最初計畫的減少十%左右。這個消息一發布之後，**公司的股價大跌，日本的股票市場也受到很大的影響**。

關於此次的「Apple 衝擊」，我認為在短時間內極可能還會延續一陣子，直到公司落實建構新平台的想法。詳細狀況將在後文討論。

圖2-2
Apple 不同產品和不同區域的營業額比例（2019 年第一季）

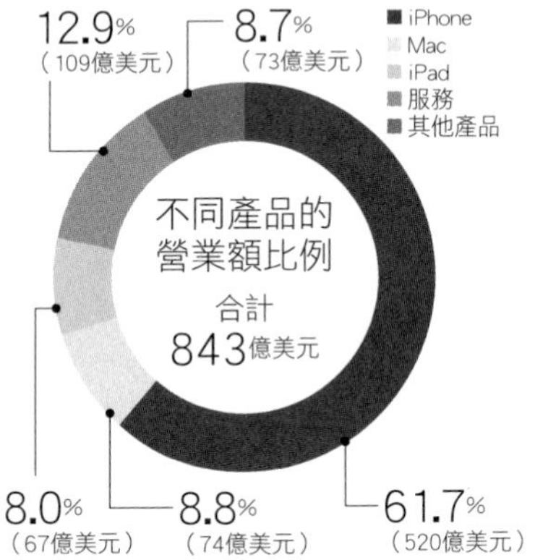

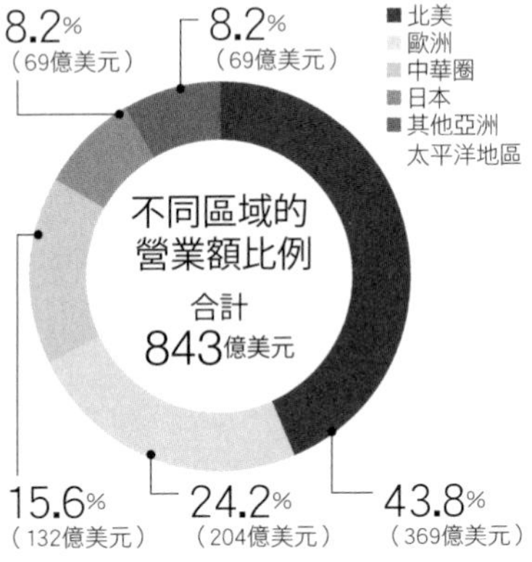

出處：Apple 的 2019 年第一季財務報告資料，由作者製圖

03 Apple 的「品牌化」

高級品牌所具有的卓越價值

以下將從我的專業領域之一，行銷的角度，來分析 Apple 的品牌化。

品牌分成：① 以創業者或經營者建立的「自我品牌」、② 以商品、服務建立起的「商品品牌」、③ 以企業整體形象主導的「公司品牌」。四間美國大型科技企業的共通點就是都具有卓越的公司品牌。

而另一方面，如果看的是該企業提供的商品本身是否有品牌化，尤其是**否形成了公司品牌（比一般商品具有更高的品牌價值，在販賣時也可以用加值訂價〔Premium Pricing〕：以較高的價格販賣）**，在四間公司中，Apple 可以說是做得最好的。

圖 2-3 是以階梯法的架構分析 iPhone。卓越的品牌化是指從名稱到特性（特徵和實際效

果）、功能價值、情緒價值、品牌價值等各個階層都具有超凡的顧客價值。

首先是品牌名稱 iPhone 的「i」就包含了各種意義。小寫開頭的設計讓人有不協調的感覺，能引起注意，但整體的音調和發音卻又很清楚明白。最重要的是，i 代表了「我」「我的」「像我」這類意思，也透露出品牌的價值。

iPhone 的特性包括：Face ID、App Store 平台、用 iCloud 將不同的硬體同步化、智慧型手機的各種特徵，以及健康管理功能等。

產品的各種功能和情緒的價值不是由廣告或廣告詞等宣傳方式產生的，而是**由特性衍生出來的**，這一點很重要。

圖2-3
Apple iPhone 的品牌化分析

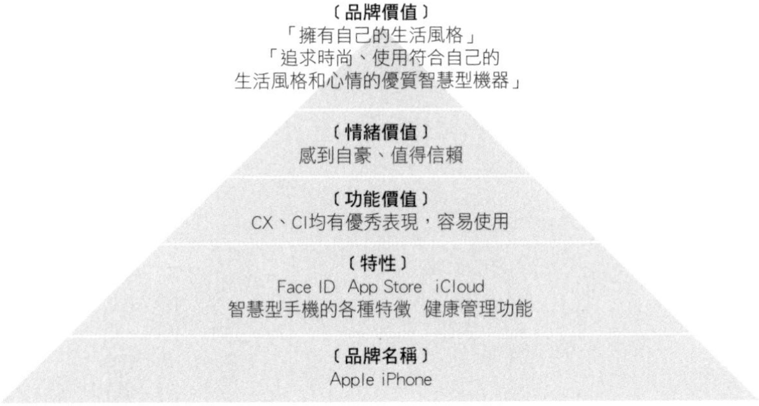
〔品牌價值〕
「擁有自己的生活風格」
「追求時尚、使用符合自己的
生活風格和心情的優質智慧型機器」
〔情緒價值〕
感到自豪、值得信賴
〔功能價值〕
CX、CI均有優秀表現，容易使用
〔特性〕
Face ID　App Store　iCloud
智慧型手機的各種特徵　健康管理功能
〔品牌名稱〕
Apple iPhone

在功能價值方面，iPhone的CX（顧客體驗）和CI（顧客介面）都有優異的表現，很容易使用。在情緒價值方面，則是會讓顧客在實際使用時有「感到自豪、值得信賴」的感覺。

最後，iPhone的表現能夠提供的顧客價值就是讓顧客「擁有自己的生活風格」「追求時尚、使用符合自己生活風格和心情的優質智慧型機器」。就像是Apple對iPhone抱持著哲學、想法和堅持，人們也想對自己的工作和生活風格抱持哲學、想法和堅持。這就是Apple的目標，也是它的定位。

04

對於重視隱私權的強烈堅持

「Apple 發展 AI 的起步較晚」？

在本書所討論的八間公司中，Apple 最與衆不同的一點就是**極爲重視顧客的隱私，並且表明不會利用、使用個人資料**。在「物聯網×大數據×AI」的時代，如果不想利用從消費者蒐集來的大數據，勢必會大幅影響AI的發展策略。其實 Apple 也眞的常被說成「對AI發展的起步較晚」。

也有人批評 Apple 是「因爲起步較晚，所以才藉口不願意使用個資」，不過，我的分析認爲 Apple 重視隱私的立場的確符合該公司的使命感和價值觀：「希望每個人以自己的樣子生活」。當 Amazon 利用協同過濾（Collaborative Filtering）的AI演算法，在電子郵件中針對不同消費者的興趣推薦商品時，Apple 發送的電子郵件卻是介紹所有的消費者同一種商品和服務，這的確常常顯得過於普通。不過，隨著人們日益意識到自己的個資會在各種情況中被科技公司取得，我想 **Apple 的態度日後也會被提出來重新評價**吧！

我本身也是多年的 Apple 產品愛好者。現在正在使用的商品有：搭載 Face ID 的 iPhone X、一般的 iPad 和 iPad Pro，並且和 Apple Watch Series 4 同步化使用。的確有不少功能「正因爲是 Apple 的產品，所以我才想使用」。

其中尤以 Face ID 爲甚。iPhone X 和 iPad Pro 搭載的 Face ID 雖然方便，但是也常常讓人覺得自己的隱私生活和眞實樣貌被直接記錄在硬體上了。但是出於對 Apple 的信賴感和安心感，我仍然願意使用這些產品，就是因爲相信 Apple 不會利用個資。

在支付的應用程式方面，爲了因應工作上的需要，我也會把主要的應用程式下載到智慧型手機上，各種支付應用程式也實際使用過好幾次了。其中最常使用的，還是透過 Apple Watch 這個裝置使用「Apple Pay×Suica」的支付方式。在 Apple Watch 手錶的右側按鈕上按兩下，就會出現支付畫面，只要舉高到相對應機器的感應位置，就可以使用了。不論是在便利商店付帳，或是搭乘計程車、ＪＲ、地下鐵，付帳都十分快速而容易。不過，**比起方便性，更重要的還是對 Apple 的信賴以及安心感**。要提供自己的信用卡資料，甚至還要和自己的銀行帳號互相連結以進行金融交易，當然不可能交由自己無法信任的企業吧！

Apple Watch 在 Series 4 推出之後，加進了心電圖的功能，事實上已經進步到堪稱「醫療機器」的水準了。這項功能會在後文詳細描述，不過顧客之所以願意交託這些醫療資料，還是因爲對於 Apple 的信賴吧。

出外工作時，用 iPad Pro 的機會已經比用電腦的機會還多了。同樣的，工作上重要的資料當然也只會交付給能夠信賴的企業。

以上都只是我個人的例子。應該也有不少人「不在乎這些事情，就是想過方便的生活」吧！近期以來，對於金融、醫療、業務等的服務等的信用要求越來越重要了，我想應該很有機會重新評價 Apple。

圖2-4
「信用等級」很高的 Apple

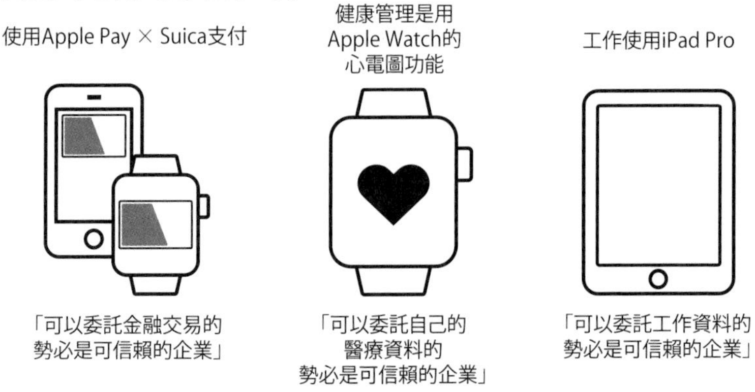
使用Apple Pay × Suica支付
健康管理是用Apple Watch的心電圖功能
工作使用iPad Pro
「可以委託金融交易的勢必是可信賴的企業」
「可以委託自己的醫療資料的勢必是可信賴的企業」
「可以委託工作資料的勢必是可信賴的企業」

Apple宣告不會利用個資，在現今金融服務、醫療服務、業務服務等的信用要求越來越重要之際，重新評價Apple的可能性很高

05 邁向醫療產業的平台

Apple Watch 已經是醫療器材

賈伯斯去世之後，Apple 的業績和股價都大幅成長，不過另一方面，做法上卻由創新轉爲守成。也有人認爲 Apple 已經很難像以前那樣掀起破壞性的創新了。關於這點，我預測 Apple 在過去用 iPod 破壞了音樂市場，這次將要**用 Apple Watch 破壞醫療保健的市場**。

前文也有提過，Apple Watch 從 Series 4 之後就**搭載了心電圖功能**，Apple Watch 擁有的醫療保健功能實際上已經進化到堪稱「醫療機器」的水準了。從 Series 4 開始，硬體結構開始進入新的階段，強化了它具有穿戴式的健康管理、醫療管理裝置的特性。事實上，美國 FDA（食品藥品監督管理局）也當眞認定 Apple 屬於具有限定功能的醫療機器。我在這裡具體說明。iPhone 的使用者中，應該也有不少人會使用 iPhone 搭載的「健康」應用程式。

「健康」應用程式通常會顯示「步數」「運動時間」，如果和 Apple Watch 一起使用，還會顯示「心率」「心律變異」等，如果測到異常，就會即時傳送訊息。可謂是**從「健康管理」進化成「醫療管理」**了。而這種心電圖功能還只是 Apple 的醫療保健策略的其中一項功能而已。

圖 2-5 是從現有的公開資料中，整理出 Apple 的醫療保健策略將展開的階層結構。

在階層結構的最底層，是負責支撐起 Apple 醫療保健策略的基礎設施：智慧型的醫療保健商業生態系統 HealthKit。它的設定功能是將 Apple 產

圖2- 5

Apple 的醫療保健策略預測

智慧型的醫療保健平台 **Apple Watch**

智慧型的醫療保健商業生態圈 **HealthKit**

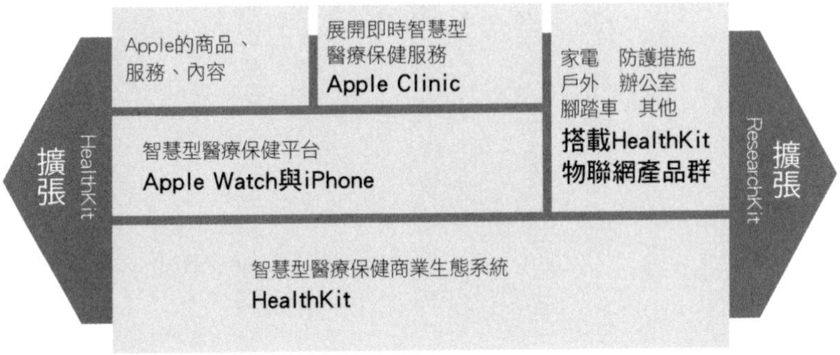

Apple的商品、服務、內容
展開即時智慧型醫療保健服務
Apple Clinic
家電 防護措施
戶外 辦公室
腳踏車 其他
搭載HealthKit物聯網產品群
智慧型醫療保健平台
Apple Watch與iPhone
智慧型醫療保健商業生態系統
HealthKit
擴張
HealthKit
擴張
ResearchKit

品，像 Apple Watch 和 iPhone 等，蒐集來的個人醫療和健康資料（將來還包含醫院的病歷資料等）儲存起來。使用者可以用已經公開發表的健康管理應用程式「健康」確認自己的資料，未來還可以和醫療機構互通資料。

Apple 這個商業生態圈除了自己公司的產品之外，同時也是一個開放平台，對許多公司正在發展醫療保健相關的物聯網機器產品群公開。**Apple Watch 和 iPhone 這類智慧型醫療保健平台日後也會繼續成長**，並出現各種醫療保健相關的商品、服務和內容。

這就是前文所謂該公司建構的新平台。

除此之外，Apple 也在拓展「CareKit」：醫療保健相關應用程式的開發平台，和「ResearchKit」：醫療保健的相關研究平台。

而我預測接下來的趨勢是，Apple 會以智慧型的醫療保健商業生態系統「HealthKit」與智慧型的醫療保健平台「Apple Watch」和 iPhone 爲基礎，**開辦實體醫院和診所「Apple Clinic」**。我們知道 Apple 已經利用自己公司的產品開辦了讓員工就診的診所。先用員工診所進行高速的 PDCA 循環，待時機一到，就擴大向一般大衆推行，我們也無法否定這種做法的可行性。除了心電圖功能之外，Apple 似乎還在計畫讓 Apple Watch 具備測量血壓和血糖值的功能。

科技在醫療領域具有相當的重要性，自不待言。在平台的戰役中，Google 和 Amazon 也是不可小覷的對手。最後我想要指出的是**在醫療領域的商業生態圈和平台領域中，信賴性和安心感無疑至關重大**。

06 華爲的企業實際狀況

單從「華為衝擊」看不到的是？

接下來要討論的中國企業是**與 Apple 激烈交鋒的華爲**，在二〇一八年的第二、三季，華爲智慧型手機的出貨量超越了 Apple，**高居智慧型手機世界第二的製造商寶座**。

在二〇一八年十二月，華爲的副董事長兼財務長孟晚舟因涉嫌違法金融交易，加拿大當局應美國政府的要求逮捕了他，這次事件讓華爲在媒體上的討論熱度大幅提升。我想本書的讀者之中，應該也有不少人因爲這次的「華爲衝擊」才開始想了解華爲「到底是怎樣的公司」吧。

不過，如果只追蹤一些片段的新聞，大概也很難了解華爲的實際狀況。本節將先對華爲的整體面貌進行說明，包括這個公司到底在做些什麼？又爲什麼受到矚目？

◆世界首屈一指的行動通訊裝置製造商

根據據點位於美國麻薩諸塞州的市場調查公司ＩＤＣ的資料顯示：在二〇一八年第三季，智慧型手機在全球市場的出貨量爲：韓國的三星電子居冠（約占二〇％），華爲居次（約占一五％），Apple則爲第三位（約占一三％）；而到了第四季，三星占約一八・七％居冠，Apple居第二位（一八・二％），華爲則是第三位（一六・一％）。在日本，智慧型手機的販售資料也顯示華爲在Apple、夏普之後，位居第三位（市占率約爲一〇％）。因此，應該有許多人對華爲的印象就是「販售智慧型手機等行動裝置的製造商」。

不過，如果要用一句話來形容華爲，比較正確的說法應該是**「以擁有世界尖端科技爲傲的硬體製造商」**。

行動通訊裝置尤其是華爲的強項。出貨數量超過瑞典的愛立信，居世界第一。華爲營業額的提升約五成是由於提供通訊公司網路服務，日本的軟體銀行就曾採用華爲的基地台（譯注：軟體銀行是否繼續選擇華為供應5G基地台傳出變數，因此翻譯為「曾經」採用）。

在行動通訊裝置方面，華爲超過了諾基亞和愛立信，而在智慧型手機方面則超越了Apple，華爲這個硬體製造商的競爭力可以說是令人瞠目結舌。這股力量到底從何而來呢？

沈才彬在《中國新興企業的眞面目》（中国新興企業の正体）一書中，提及華爲的強大是因爲「持續投入巨額的研究開發經費」。華爲每年都會挪用超過營業額的一〇%於研究開發之用，《二〇一七年年報》顯示此年的研究開發經費高達約四千一百二十億台幣。投入的程度**比 Apple 或豐田的研究開發經費還多**。而且在全球的十八萬名員工中，研究開發人員超過八萬人，占全部員工約四五%。在這樣的體制基礎之下，華爲申請了許多國際專利，申請件數在二〇一四、一五年都居世界之冠；在二〇一六年則爲全世界第二名。在二〇一五年，「華爲所使用的 Apple 專利件數」爲九十八件，但是「Apple 所使用的華爲專利件數」則是七百六十九件，由此也可看出華爲擁有卓越的技術開發能力。

以前應該有不少人認爲「中國製造商就是一直在模仿海外的企業」。回顧華爲的歷史，也當眞有一段一邊模仿海外的產品、一邊追求成長的時期。但是到了今天，華爲的科技已經堪稱達到**「世界上最先進」**的程度了。

◆投入雲端產業

除了製造行動通訊裝置和智慧型手機之外，華爲近年來還投入了像 Amazon AWS 的雲端服務。雖然華爲在二〇一七年才提出要投入「雲端產業」領域，不過華爲的執行長也宣示他們要成為「世界五大雲端」。他們無懼於宣稱要追上走在前面的 Amazon、微軟和 Google。

華為表示在財富世界五百大（Fortune Global 500，美國《財富》雜誌每年發表的全球企業排行榜）的五百間公司中，有兩百一十一間都選用華為的雲端服務，他們正在一步一步的拓展業績。

◆ 5G 研究的領頭羊

如果要了解華為，新一代的行動通訊技術「5G」是考察關鍵之一（5G 被預期可以在二〇二〇年提供商業使用）。簡單來說，5G 就是**「高速率、大容量」「減少延遲」「可同時複數連接」**的通訊技術。

在所有東西和裝置都會連上物聯網的時代，現有的通訊技術 3G 或 4G 在效能方面將會完全望塵莫及。4G 的最快資料傳輸速度是每秒十億位元，5G 則是每秒兩百億位元。4G 的延遲時間是十毫秒，而 5G 則是一毫秒。4G 的複數連接台數是一平方公里範圍內十萬台，5G 則是一百萬台。換句話說，5G 比 4G 擁有「二十倍的速度」「十分之一的延遲」「連接多達十倍」。有人認為使用者感覺到的速度會達到 4G 的一百倍。

當 5G 大幅改善通訊環境之後，就可以體驗到充滿臨場感的影片了。舉例來說，如果能夠做到運動比賽的三度空間即時轉播，那麼就算觀看的人在其他地方，也能夠體驗到彷彿在運動場上、親身觀戰的臨場感。

而透過 VR 和 AR，即使多人身處不同空間，也可以像在同一個空間裡召開會議。

5G 通訊再加上可以遠距離操作的設備，就算是醫生要遠距離進行外科手術，或是讓技巧純熟的工匠遠距離興建房子，都絕非痴人說夢。

當然，蒐集不同的自動駕駛汽車在路上前進的資料，或是讓汽車之間能夠互相傳輸資料等，都是沒有 5G 就無法想像的事。要讓高速行進的汽車能夠安全的自動駕駛，絕對需要不延遲的資料傳輸才能夠辦到。

照這樣說起來，5G 可以說是爲我們帶來了「新世代」的體驗，隱藏了各種可能性。**本書中描述了各個大型科技公司今後的策略，其中也有不少是必須靠著 5G 的新世代通訊技術才能夠實現的。**

◆想要成為新世代的行動通訊技術霸主，將會帶來什麼影響？

如前文所述，華爲的行動通訊裝置位居全世界的龍頭寶座。東京大學研究所的江崎浩教授在接受節目報導的訪問時，回答華爲**「在 5G 的研究開發中，居於世界的領先地位」**（富士電視台的「PRIME news evening」節目，二〇一八年十二月十一日）。今後世界各國強化5G技術的同時，華爲勢必具有很強的存在感。

在爭取成爲新世代的行動通訊技術霸主時，5G雖然是華爲的一個機會，但是也讓一**些因此感到威脅的勢力產生了強烈的反應**。也有人認爲這造成了「華爲衝擊」，而「華爲衝擊」可以說是「中國風險」的具體展現。

在二〇一八年，包含美國和日本在內的同盟國發起了禁購華爲製造的行動通訊裝置和智慧型手機，這種激烈的環境變化勢必會對華爲帶來影響，詳如後述。

07 華爲的五因子分析

以「道」「天」「地」「將」「法」所做的策略分析

如果要討論華爲的整體面貌，我們必須以「道」「天」「地」「將」「法」來進行分析。請參照圖2-6。

◆華為的「道」

華爲自述公司的「明確願景與使命」是要「把數位世界帶入每個人、每個家庭、每個組織，構建萬物互聯的智慧型世界」。華爲的執行長也在《年報》中詳細闡述了他對這個使命的看法。「從上百億的個人終端到無處不在的工業感測器，萬物感知打通了物理世界與數位世界的邊界，源源不斷的產生海量資料。」「從人人通信到無處不在的物聯網，萬物互聯加

圖2-6
以五因子方法分析「華為的整體策略」

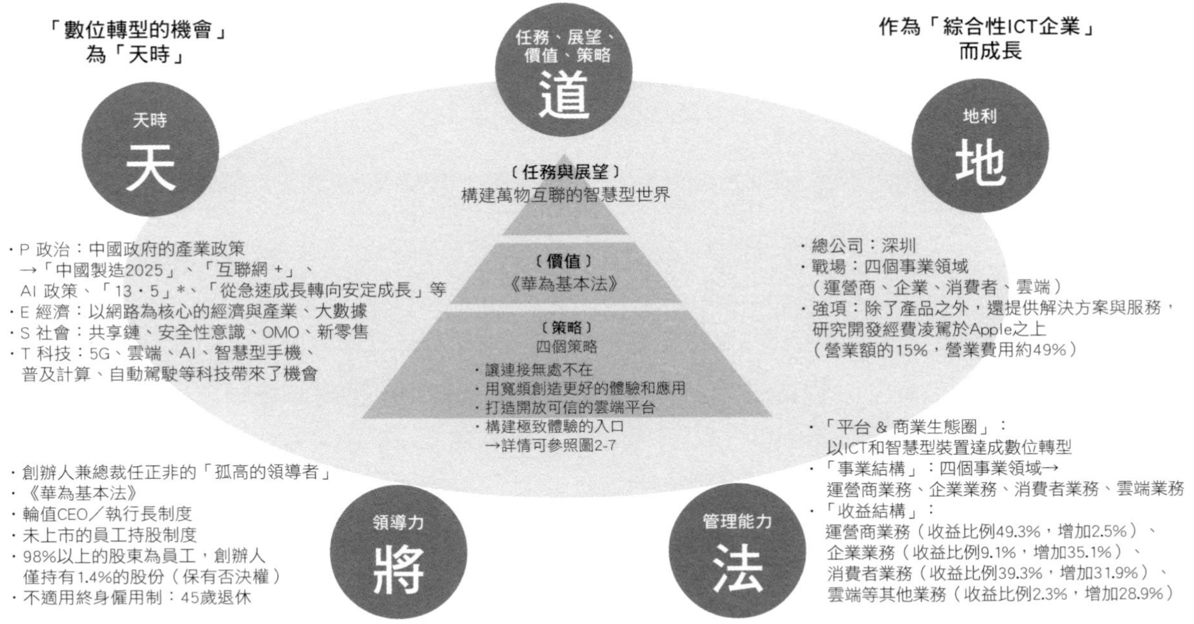
「數位轉型的機會」
為「天時」
天時
天
・P 政治：中國政府的產業政策
→「中國製造2025」、「互聯網＋」、
AI 政策、「13・5」*、「從急速成長轉向安定成長」等
・E 經濟：以網路為核心的經濟與產業、大數據
・S 社會：共享鏈、安全性意識、OMO、新零售
・T 科技：5G、雲端、AI、智慧型手機、
普及計算、自動駕駛等科技帶來了機會
任務、展望、
價值、策略
道
〔任務與展望〕
構建萬物互聯的智慧型世界
〔價值〕
《華為基本法》
〔策略〕
四個策略
・讓連接無處不在
・用寬頻創造更好的體驗和應用
・打造開放可信的雲端平台
・構建極致體驗的入口
→詳情可參照圖2-7
作為「綜合性ICT企業」
而成長
地利
地
・總公司：深圳
・戰場：四個事業領域
（運營商、企業、消費者、雲端）
・強項：除了產品之外，還提供解決方案與服務，
研究開發經費凌駕於Apple之上
（營業額的15%，營業費用約49%）
・創辦人兼總裁任正非的「孤高的領導者」
・《華為基本法》
・輪值CEO／執行長制度
・未上市的員工持股制度
・98%以上的股東為員工，創辦人
僅持有1.4%的股份（保有否決權）
・不適用終身僱用制：45歲退休
領導力
將
管理能力
法
・「平台 & 商業生態圈」：
以ICT和智慧型裝置達成數位轉型
・「事業結構」：四個事業領域→
運營商業務、企業業務、消費者業務、雲端業務
・「收益結構」：
運營商業務（收益比例49.3%，增加2.5%）、
企業業務（收益比例9.1%，增加35.1%）、
消費者業務（收益比例39.3%，增加31.9%）、
雲端等其他業務（收益比例2.3%，增加28.9%）

＊中華人民共和國國民經濟和社會發展第十三個五年規畫綱要，規劃 2016 年到 2020 年中國大陸的經濟、社會發展藍圖。

速了數據流動，大規模的數據分析和利用成爲可能；從全球分布的雲端資料中心到無處不在的邊緣計算，萬物智慧將數據轉換成商業機會，激發各行各業應用創新、釋放潛能。」

這樣的闡述內容讓我們聯想起華爲提供的智慧型手機、今後應該會更加普及的物聯網、連結這一切的新世代行動通訊網 5G、將蒐集來的大量資料加以處理的雲端服務、各種企業今後應該要致力發展的 VR 和 AR 相關服務。

華爲就是以**實現這樣的「智慧型世界」**爲目標，而在這樣的任務驅使下，華爲提供的產品和服務也是以「實現智慧型世界所需的硬體」爲核心。

◆華為的「天」

華爲的任務是「把數位世界帶入每個人、每個家庭、每個組織」，而實現的機會就可以說是華爲的「天」。

在相關論述中，値得注意的是華爲說要「繼續努力消除數位鴻溝」。華爲在《年報》中說要**爲全世界將近三十億人口提供產品和服務，包括很多開發中地區和偏遠地區的人們**。

其實華爲參考了毛澤東過去「農村包圍城市的策略」，靠著開拓其他競爭對手都不曾經營過的農村市場而提高了存在感。在前述《中國新興企業的眞面目》一書中，就提到了華爲先在城市的周圍一點一滴擴大勢力，「包圍」了城市之後，就開始挑戰、分走城市的市占率。不只在中國國內是如此，在進入海外市場之後，也是用同樣的策略擴大市占率，確保公司的營業額。先是在開發中國家取得成功，接著再將事業擴大到歐洲市場。「消除數位鴻溝」就是華爲的「天」。

今後將迎來數位轉型的世界各地，也都會成爲華爲的「天」吧！華爲對於今後業界動向的描述是「智慧紀元已經來臨」，將有「更多樣化、更高品質的產品、更貼心的服務、更高的效率、更美好的生活」。這些雖然都是很抽象的說法，不過具體來說到底在描述何種世界觀，只要我們想一下在 Amazon 和阿里巴巴的章節說明過的狀況，應該就很容易想像了。

當然，這裡並不是說華爲和 Amazon 或阿里巴巴，以及下一章將討論的 Facebook 以及騰訊都提供了同樣的服務，而是說當世界的數位轉型正在發生時，華爲的技術能夠提供數位轉型所需的基礎設施和裝置，勢必會得到充分發揮。

◆華為的「地」

在華爲的《年報》中提到展望、任務時，總是說「華爲要進一步投入技術創新，聚焦策略方向，同時堅持有所爲、有所不爲」。華爲也明白指出「自己應該做的事」是**「聚焦**

ＩＣＴ**基礎設施和智能終端」**（圖2-7）。

ＩＣＴ（資訊及通訊科技）基礎設施是指：行動通訊裝置和爲企業提供的ＩＣＴ解決方案，或重點領域的雲端服務等，智能終端則是指智慧型手機等。也就是說，華爲**將自己的公司定位成硬體製造商**。當其他大型科技企業都在蒐集大數據、在個人資料的戰場上激烈交鋒、走向平台的競爭時，華爲在這一點上獨樹一格。

◆華為的「將」

說到華爲的「將」，就必須提到創辦人任正非。從表面上看來，任正

圖2-7

華為的展望、任務、策略

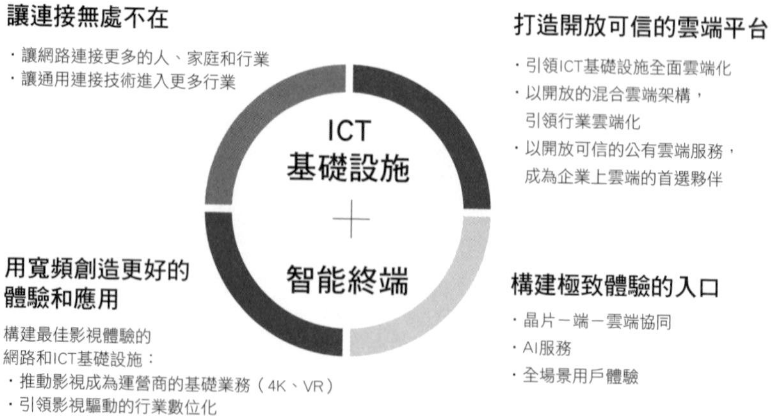
讓連接無處不在
・讓網路連接更多的人、家庭和行業
・讓通用連接技術進入更多行業
打造開放可信的雲端平台
・引領ICT基礎設施全面雲端化
・以開放的混合雲端架構，引領行業雲端化
・以開放可信的公有雲端服務，成為企業上雲端的首選夥伴
ICT 基礎設施
＋
智能終端
用寬頻創造更好的體驗和應用
構建最佳影視體驗的網路和ICT基礎設施：
・推動影視成為運營商的基礎業務（4K、VR）
・引領影視驅動的行業數位化
構建極致體驗的入口
・晶片－端－雲端協同
・AI服務
・全場景用戶體驗

出處：華為《2017年年報》

非已經從經營的第一線退位了，但是普遍仍認爲華爲是「任正非的公司」，**華爲這個企業的樣貌也充分反映出任正非的思想**。

不過，關於任正非的資訊其實並不太多。他「一向與大衆媒體保持距離，是一位獨斷獨行、大權獨攬的老闆」，從一九八七年「公司成立至今的三十年間，從來沒有記者能夠直接訪問到任正非」（《中國新興企業的眞面目》）。

讓我們看一下任正非爲人所知的學經歷。他畢業於重慶建築工程學院（現已併入重慶大學），是一名工程師。在大學畢業後加入人民解放軍，因爲擁有技術而隸屬於基建工程兵部隊。隨著人民解放軍的兵員削減，他也轉至國營企業任職。之後因爲執行大型計畫失敗，無法在公司繼續待下去，於是便和五名同事一起創辦了華爲。根據他自己所說，是「因爲沒有公司願意僱用他，不得已只好自己創業了」。

當全世界掀起網際網路泡沫時，華爲也於二〇〇一年成長爲中國電子業界的第一把交椅，任正非在公司內部發表了〈華爲的冬天〉這篇文章。「十年來我天天思考的都是失敗，對成功視而不見，也沒有什麼榮譽感、自豪感，而是危機感。也許是這樣才存活了十年。我們大家要一起來想，怎樣才能活下去，也許才能存活得久一些。失敗這一天是一定會到來，大家要準備迎接，這是我從不動搖的看法，這是歷史規律。」（《中國新興企業的眞面目》）

把這樣的事實和任正非的這一番話放在一起解讀的話，腦海中就會浮現一個不愛慕虛華、腳踏實地的人物形象。我認爲任正非是一位「孤高的領導者」。

◆華為的「法」

華爲的事業範圍包括**「爲運營商提供網路的業務」「爲企業提供ＩＣＴ解決方案的業務」「爲消費者提供產品的業務」「雲端業務」**等四項。

爲運營商提供網路的業務除了製造和販賣行動通訊裝置之外，還會提供物聯網及雲端的建議解決方案和服務，目標在於「建構價值主導型的網路」。

爲企業提供ＩＣＴ解決方案的業務除了政府及公益事業之外，也針對金融、能源、交通、製造等各種產業的企業、團體，提供雲端、大數據、數據中心、物聯網等領域的產品和服務。

爲消費者提供產品的業務除了智慧型手機和平板電腦、筆記型電腦、穿戴式裝置等之外，也開始投入「智慧型手機商業生態系統」，並且提供與 Amazon Alexa 類似的ＡＩ助理，讓其他企業的產品、服務也可以智慧化。

雲端業務是在二〇一七年新開設的事業單位。雖然之前也提供雲端的服務，不過**把「雲

端」單獨看作聚焦的產業領域之一，的確可以看出華爲想要投入的決心。

根據二〇一七年度的營業額詳細資料，顯示在收益結構中，「爲運營商提供網路的業務」占了四九・三%，「爲消費者提供產品的業務」占了三九・三%，「爲企業提供ＩＣＴ解決方案的業務」占了九・一%，「其他」占了二・三%。其中成長最多的是爲企業提供ＩＣＴ解決方案的業務，比前年成長了三五・一%。爲消費者提供產品的業務營業額也比前年大幅成長了三一・九%。

圖2-8
華為的營業額詳細內容

39.3%
為消費者提供產品的業務
（與前年相比增加31.9%）
2.3%
其他
（與前年相比增加28.9%）
49.3%
為運營商提供網路的業務
（與前年相比增加2.5%）
9.1%
為企業提供
ICT解決方案的業務
（與前年相比增加35.1%）

出處：華為《2017年年報》，由作者製圖

08 與其他公司不同的三個特徵

在觀察華爲的整體面貌時，有幾點應該特別留意。

◆獨特的員工持股制度

第一點是華爲的股東結構。華爲自從**創辦以來，從未上市**，並且擁有獨特的員工持股制度，公司股份的九八%以上是由「華爲投資控股有限公司工會委員會」所持有。大約八萬名員工透過工會擁有華爲的股份。創辦人任正非是自然人股東，同時也透過工會出資，不過任正非的比例在股權資本的總額中只有一．四%。

透過這樣的結構，華爲認爲「公司的長遠發展和員工的個人貢獻和發展有機的結合在一起，形成了長遠的共同奮鬥、分享機制」（出自《二〇一七年年報》）。的確，如果「股東＝員工」的話，給股東的利益就會直接成爲對員工的激勵了。

◆輪值 CEO 制度

第二點是二〇一一年引進的「輪值 CEO 制度」。華爲有三名副董事長，**三個人會輪流擔任 CEO，每一任的任期是六個月**。在我所知的範圍內，似乎沒有其他企業同樣採取輪值 CEO 或類似的制度。任正非在《二〇一一年年報》中，將這個獨特的制度描述如下。

「華爲是一個以技術爲中心的企業，除了知識與客戶的認同，我們一無所有。由於技術的多變性，市場的波動性，華爲採用了一個小團隊來行使 CEO 職能。相對於要求其個人要日理萬機、目光犀利、方向清晰……要更加有力一些。」（《中國新興企業的眞面目》）

其實任正非自己也有 CEO 的職銜。日常業務的判斷雖然是由輪值 CEO 決定的，不過策略上的決策大概都還是與任正非脫不了關係。而且任正非對於董事會的決議有否決權，就算其他董事全都贊成，只要**任正非不同意，就可以否決**。如果只看股東結構和輪值 CEO 制度，可能會以爲任正非從第一線退下來了，但其實他還是牢牢握有實權的。

◆《華為基本法》

第三點是《華爲基本法》。

華爲在一九九八年制定了《華爲基本法》（全文爲六章、六十四條）。基本法的結構可以整理爲圖2-9。

《華爲基本法》參考了著名管理學家彼得·杜拉克的理論，並揉合了任正非的經營哲學。仔細閱讀的話，會發現除了杜拉克之外，也受到了著名經營學家菲利普·科特勒的行銷理論影響。《華爲基本法》**將歐美的企業策略和行銷要點都包括在內**，堪稱爲一本內容充實的經營學教科書。

《華爲基本法》從任務、展望、價值到經營策略、功能策略等都

圖2-9
《華為基本法》的結構

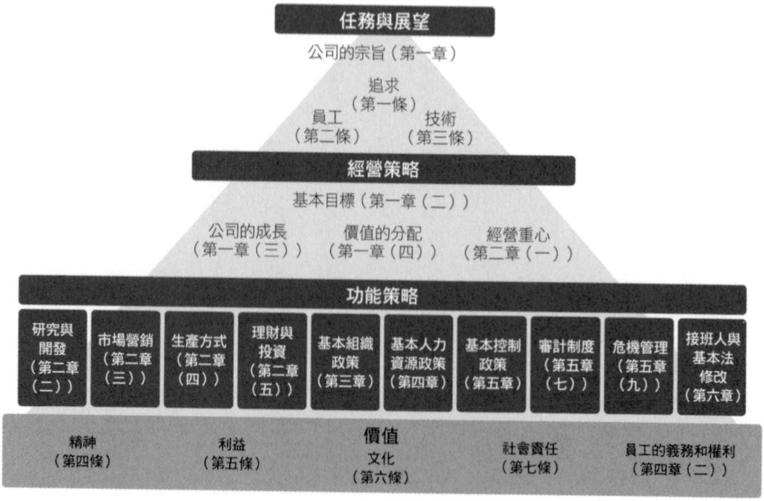
任務與展望
公司的宗旨（第一章）
追求（第一條）
員工（第二條）
技術（第三條）
經營策略
基本目標（第一章（二））
公司的成長（第一章（三））
價值的分配（第一章（四））
經營重心（第二章（一））
功能策略
研究與開發（第二章（二））
市場營銷（第二章（三））
生產方式（第二章（四））
理財與投資（第二章（五））
基本組織政策（第三章）
基本人力資源政策（第四章）
基本控制政策（第五章）
審計制度（第五章（七））
危機管理（第五章（九））
接班人與基本法修改（第六章）
價值
精神（第四條）
利益（第五條）
文化（第六條）
社會責任（第七條）
員工的義務和權利（第四章（二））

有明確的規定，堪稱是**該公司的組織力根源**。

舉例來說，第一條的「追求」就表明「爲了使華爲成爲世界一流的設備供應商，我們將永不進入信息服務業」。（《華爲的技術與經營》（ファーウェイの技術と経営））這個條文已經清楚的定義該公司的事業領域。第二條規定是針對員工。「認真負責和管理有效的員工是華爲最大的財富。尊重知識、尊重個性、集體奮鬥和不遷就有功的員工，是我們事業可持續成長的內在要求。」從這一條就可以看出華爲希望的是哪種人才和團隊的合作方式。第三條是針對技術。「廣泛吸收世界電子信息領域的最新研究成果，虛心向國內外優秀企業學習，在獨立自主的基礎上，開放合作的發展領先的核心技術體系，用我們卓越的產品自立於世界通信列強之林。」從這一條中，可以看出任正非這位前工程師的展望和價值觀。

我分析過世界上許多企業的策略，對於我要分析的企業，也會廣泛蒐集資料，不過幾乎不曾看過其他企業有類似華爲的性格。當然大部分企業會先制定中期的經營計畫，在決定任務和展望之後，再以五到十年爲單位重新評估。不過《華爲基本法》在一九九八年制定之後，內容從來未曾更改過，但是也完全不顯得陳舊。**可以將這些重要的內容全都恰如其分的寫下來，著實令人驚訝**，這應該也是華爲這個企業得以強大的祕密吧！

09 在今後的大型科技企業戰爭中的位置

分析平台商務的階層結構

任正非獨特的經營手法的確有讓人感到瞠乎其後之處，而且如前文所述，華為的行動通訊裝置已經占世界首位，智慧型手機也榮登世界第二位的寶座了，可以與 Apple 分庭抗禮，即使在大型科技公司當中，華為的存在感也不容小覷。但是整體來說，當華為在美中大型科技公司的經濟圈中四處奮戰時，看起來似乎還是**只能夠在有限的位置上一決勝負**。

圖 2-10 顯示的是各個大型科技公司開創平台商務的大致層級結構。在這個結構中，華為在「通訊及通訊平台」（行動通訊裝置）和「裝置」（智慧型手機）能夠確保較大的市占率。華為製造的是 Android 智慧型手機，所以和作業系統以及軟體、應用程式等階層較不相關。

但是我預測在平台和商業生態圈的霸權爭奪戰中，這些層級中以**作業系統和軟體、應用**

程式等部分最爲重要。例如在前文也曾經提到過的，Apple 的商業模式把重點放在智慧型手機的作業系統、軟體和應用程式等層級，並且用 iPhone 這個硬體獲取收益。雖然華爲奪走了 Apple 的智慧型手機市占率，但是以智慧型手機產業的收益結構來說，Apple 還是穩固得多了。

除此之外，如果不投入作業系統和軟體、應用程式等層級的話，就無法大量獲得重要的大數據資料。「大數據 × A I」今後將成爲企業的生命線，在這個層級沒有存在感的企業勢必最後不可能成爲霸主。

但是，爲什麼華爲就是沒有投入這幾個層級呢？華爲創辦人堅守通訊的基礎設施、固守硬體製造商的地位，是不是因爲

圖2-10

平台商務的層級結構

商品、服務、內容

軟體平台

硬體平台

作業系統

雲端平台

裝置

通訊及通訊平台

電子及電子平台

社會系統

有什麼特別任務呢？不禁讓人有此揣測。

◆世代交替將成關鍵？

不過，華爲用智慧型手機擴大了市占率，這件事也不可過於小覷。智慧型手機製造商之間的競爭激烈，常會搭配上最先進的科技。而且爲了持續獲得青睞，也必須提供經得起千錘百鍊的顧客體驗和優良的使用者介面，華爲能夠獲得今天的地位，勢必精通此道。既然華爲擁有這樣的見識和影響力，要打進作業系統和應用程式的層級也絕非不可能的事。

《華爲基本法》的條文規定**「爲了使華爲成爲世界一流的設備供應商，我們將永不進入信息服務業」**，其中雖然沒有明確的指出何謂「信息服務業」，不過根據我對於這個條文和華爲至今以來所有事業的觀察，我認爲任正非並沒有投入作業系統和應用程式層級的打算。

但是輪値 CEO 等年輕的經營團隊就未必沒有投入作業系統和應用程式，以掌握霸權的意願了。閱讀《年報》文章的細微之處，也不時透露出這樣的訊息。已經在智慧型手機領域擁有如此高市占率的華爲，在經營者的交替之後，說不定當眞會一步步掌握霸權。

10 中國風險與「華爲衝擊」之後的世界

積極提供情報的意圖

任正非曾經是人民解放軍，據說他創業之初也是靠著人民解放軍時代的人脈才能夠擴展業務。因爲任正非有這樣的背景，所以長年以來，華爲和中國人民解放軍與中國情報機關之間的關係一直啓人疑竇。

不過華爲一直強烈否認這樣的疑雲。近年來更是明確的採取和中國政府保持距離的姿態，**維持未上市公司的定位，並且在《年報》中用一篇篇內容豐富的報告，努力公開資訊，**在華爲向全球市場進軍的同時，大概也想撇清與中國風險的關係吧！

在華爲網站的「網路安全」相關頁面中，刊登了以下文章。

〈網路安全並非只是單一國家或是單一企業的問題〉：現在華爲的零部件供應商在全世界共有五千七百間，七〇%的零件來自全球供應商，其中美國的供應量最大，占三二%（台灣、日本、韓國占二八%，歐洲占一〇%，中國占三〇%）。因此，網路安全問題是國家與全體業界應該以全球爲規模，設法面對的問題。

〈Made in China 並非問題〉：許多歐美的 ICT 供應商都在中國成立了大規模的研究開發中心，而在中國擁有生產據點的 ICT 供應商也所在多有。

〈營業額大約六〇%都來自中國以外的市場〉：華爲的業務遍及全球一百七十多個國家，有大約六〇%的營業額都來自中國以外的市場。

〈百分之百爲員工所有〉：華爲除了是非上市公司之外，還採用員工持股制度，截至二〇一五年十二月三十一日爲止，公司的員工持股計畫參與人數爲七萬九千五百六十三人。員工知道如果他們做了不當的活動，將有損自己的資產。

這些文章的宗旨可以解讀成強烈表達「華爲不會將資訊洩露給中國當局，對於無端受此嫌疑，華爲深感遺憾」。

但是，就算發送出這樣的訊息，華爲**還是一直頗受防備**。在二〇一一年，美國政府就出面阻止華爲收購擁有網路技術的美國企業 3Leaf。舉出的理由包括：華爲是軍人投資的企業、人民解放軍長期以來無償爲該公司提供關鍵技術、兩者一直以來有許多合作計畫等。

接著在二〇一二年，美國眾議院的情報委員會發表了報告書，指出華爲和中國的大型通訊裝置企業「中興通訊」，對美國的安全保障構成威脅。因此在二〇一四年，美國的政府機構就開始禁用華爲的產品。

二〇一八年，聯邦調查局、中央情報局、國家安全局等美國情報部門的官員指出應該限制使用華爲的產品和服務，因此美國通過了《國防授權法》，禁止政府機關和政府職員使用華爲及中興通訊的產品。這類動向**在美國十分明顯，而其他國家：加拿大、澳洲、德國、英國等，長期以來的態度也都對華爲保持警戒**（山田敏弘〈解讀世界的新聞沙龍：華爲的智慧型手機「危險」嗎？「5G」來臨，中國的威脅倍增〉（世界を読み解くニュース・サロン：ファーウェイのスマホは「危険」なのか　「5G」到来で増す中国の脅威）ITmedia）。

「華為衝擊」從何而來？

在這樣的背景下，二〇一八年十二月發生了「華爲衝擊」。如前所述，華爲的副董事長兼財務長孟晚舟因爲涉嫌違法金融交易，應美國政府的要求遭到加拿大當局逮捕。孟晚舟副董事長是任正非的女兒。逮捕消息於十二月五日爲外界知悉之後，翌日十二月六日開始，美國道瓊工業指數就有三十種股票平均連續下跌了兩個營業日，股價下跌兩萬五千美元；日經平均指數也瞬間大幅跌落六百日元；中國股價也下跌了，這波「華爲衝擊」在全世界同時間造成股價的下跌。

在二〇一九年一月寫作本書的時間點，《華爾街日報》指出「聯邦檢察官可能會對華爲進行調查和起訴」，也就是問題還未看到結局。而我認爲**問題將會朝長期發展**。

◆美國將華為可能進行間諜活動視為問題

具體來說，華爲到底是哪裡讓大家覺得有問題呢？這點在二〇一八年十二月二十七日《日本經濟新聞》上登載的〈華爲技術株式會社致日本全體國民書〉（華爲技術日本株式会社（ファーウェイ・ジャパン）より日本の皆様へ）這則整版廣告提出了清晰的解答。

廣告中表示「有部分報導指出『拆開產品之後，在硬體中發現了多出來的東西』『發現了惡意軟體』『有產品規格說明書中沒有提到的端口』，還說這些有可能成爲（安全控制的）後門」。華爲對此全盤否定，並表示這些說法「完全沒有事實根據」。這些說法暗示華爲透過該公司的產品、用非法方式蒐集情報，更直接的說，就是華爲有可能幫中國政府和人民解放軍進行間諜活動，這點被美國視爲問題。

我在寫這本書的時候，又重新把美國媒體質疑華爲在進行間諜活動的論文和報告看了一遍。

美國衆議院的調查委員個別對華爲進行調查，並在二〇一二年十月公開了針對華爲和中興通訊的調查報告書。委員會雖然進行了詳細的調查，但是結論也只是「華爲方面無法明確的否認，或是並未回答」。

從前文華爲的廣告中，我們可以知道現在這個時間點並沒有明確證據可以證明華爲的確在進行間諜活動，而且網路攻擊的手法也益發高度發展，其實沒有必要採取「在硬體裡加進多餘的東西」這種舊式而不成熟的做法。不過，雖然現在並沒有華爲在進行間諜活動的明確證據，但還是有許多資料顯示華爲與中國政府以及人民解放軍有著非同小可的深度連結。

雖然兩者的關係尚不明朗，不過我的分析還是認爲華爲接受了中國政府的支援才日漸茁壯，這點是毋庸置疑的。美國對於兩者的關係有所質疑，並且認爲華爲在進行間諜活動，是因爲該公司的態度一直以來都是積極提供情報。美國司法部在二〇一九年一月二十八日宣布對華爲起訴，罪名共有二十三項，與違反對伊朗的制裁和竊取商業機密等兩個事件也有相關。其他罪名還包括銀行欺騙、電信欺騙、洗錢、妨礙司法等罪狀，遠遠超出了前文所引用的報紙廣告所反駁的內容。

◆「美中戰爭」的一環

在這裡可以確定的是美國把華爲視爲一大問題（這是「美中戰爭」中明顯的一例，「美中戰爭」將在最後一章詳細說明）。美國的眞正目的應該是阻止華爲在美國與其同盟國展開通訊基地的事業，尤其是**在5G領域稱霸**，接著進一步中斷中國政府推動的「中國製造二〇二五」計畫。由逮捕孟晚舟副董事長一事，便可以看出**「美中戰爭」並不只有美中貿易戰爭**。

華爲今後將變成怎樣呢？美國同盟國，包括日本在內的方針已經明確決定，政府在通訊裝置上，將確實禁用該公司的產品。有美國這樣強硬的姿態擺在眼前，與該公司的貿易應該都會被迫重新檢討吧！而另一方面，在這場當眞賭上國家威信的總體戰中，華爲應該也會急著想要建立起可以在中國和大中華區（中華圈）獲得滿足的供應鏈。因此我們也得注意本書所討論的BATH中其他幾個中國的大型科技公司，是否也受到了**「中國風險」浮上檯面**的影響。

第三章

Facebook × 騰訊

社群網站究竟是目的，
還是手段？

本章宗旨

本章將討論的是分別在美國和中國以社群網站起家的兩間公司：Facebook 和騰訊控股。兩間公司「事業重心都是社群網站」，但是策略卻大異其趣，是讓人感到有興趣的案例。

Facebook 甚至稱得上是社群網站的代名詞了。我對於 Facebook 商業模式的分析是「提供人與人之間連結的平台，讓更多人在這個平台上集合，蒐集許多人的資料，用最佳化的廣告賺取收益」。而在另一方面，有「中國 Facebook」之稱的騰訊是超大型的中國企業，與阿里巴巴爭奪市價總値的龍頭寶座，騰訊的產業領域十分廣泛，內容也很多元，遍及遊戲等數位內容的產業、支付等金融服務，還有以 A I 進軍自動駕駛和醫療服務，並且擁有像 Amazon AWS 那樣的雲端服務，開設與阿里巴巴正面對決的「新零售」店鋪等。

從同一個起點出發的兩間公司為什麼會走出如此不同的產業領域呢？解讀這個現象的關鍵是五因子方法中的「道」。

本章將會解說 Facebook 和騰訊的事業結構及現狀，之後並以五因子方法分析兩間公司的策略和對未來的展望。

01 Facebook 的企業實際狀況

企業整體面貌難以掌握

本書讀者中，應該沒有人對 Facebook 或騰訊是怎樣的公司完全不知情的吧！因此，本書就不再說明「社群網站是什麼」「Facebook 是什麼」「騰訊是什麼」了。

不過，就算是 Facebook 的使用者，能夠掌握 Facebook 這間公司的事業內容或整體面貌的人，說不定也不多。我先說明 Facebook 在社群網站中的位置，以及 **Facebook 現在提供的五個基礎服務**。

◆全世界二十億人口使用的「Facebook」「Messenger」

Facebook 堪稱是社群網站的霸主，在二〇一八年十二月，有 Facebook 帳號、每個月

圖3-1
MAU 的演變

出處：Facebook《2017年年報》

至少會登入一次的使用者（MAU＝Monthly Active User，月活躍用戶人數。以Facebook和Messenger的使用者為計算對象）在全世界共有二十三億兩千萬人。和前年的MAU相比增加了九%。

Facebook區分了「全世界」「北美」「歐洲」「亞洲」「其他地區」來發表MAU的演變趨勢，而由圖表3-1看來，每一個地區都呈現成長。

圖3-2是根據二〇一七年九月十七日到十二月十六日的資料，將世界上主要社群網站的MAU製圖（只有Snapchat是每天至少登入一次的使用者〔Daily Active User〕＝DAU數）。在Facebook的《年報》中，被列為該公司基礎產業

圖3-2

世界上主要社群網站的MAU數（2017年9月17日～12月16日）

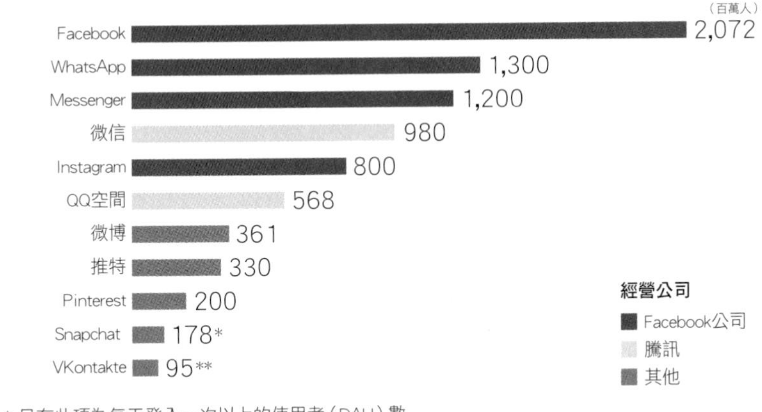
（百萬人）
Facebook 2,072
WhatsApp 1,300
Messenger 1,200
微信 980
Instagram 800
QQ空間 568
微博 361
推特 330
Pinterest 200
Snapchat 178*
VKontakte 95**
經營公司
Facebook公司
騰訊
其他

＊只有此項為每天登入一次以上的使用者（DAU）數
＊＊俄國的社群網站
出處：根據《Statista調查20180126》製圖

的社群網站除了「Facebook」和「Messenger」之外，還有分享圖片的社群網站「Instagram」和通訊應用程式「WhatsApp」，不過從圖表中可以看出不管是哪一項都有很多ＭＡＵ。Facebook 旗下的所有社群網站服務在全世界都擁有高人一等的使用者人數。

◆五項基礎服務：兩個社群網站、兩個通訊應用程式及ＶＲ

被 Facebook 公司定位成基礎服務的除了 Facebook 本身之外，還有分享圖片的社群網站「Instagram」、通訊應用程式「Messenger」「WhatsApp」，以及開發了ＶＲ頭盔的「Oculus」等五項。

關於 Instagram 的公司和功能，在這裡應該不必從頭說明了。Facebook 在二〇一二年以十億美元收購了 Instagram。Instagram 走出一條以圖片為中心的獨特路線，在當時原本就已經是人氣很高的社群網站了，不過在那之後的人氣更是高漲。Instagram 在日本的市占率也很高，可以拍照的地點、東西和服務等「Instagram 熱門打卡點」在多數年輕人之間極受歡迎。

Facebook 在二〇一四年投下了總額兩百一十八億美元收購 WhatsApp。當時的 WhatsApp 只會對取得姓名、地址、電子郵件等個人資訊的使用者顯示廣告，這種商業模式受到廣泛的支持，據說收購時的ＭＡＵ超過六億人（日經 XTECH〈Facebook 併購 WhatsApp 手續完成，總金額高達二一八億美元〉（Facebook が WhatsApp 買収手続きを完了、総額 218 億ドル超に）（二〇一四年十月七日）。也就是說，Facebook 除了自己公司原本的通訊應用程式 Messenger 之外，**還擁有 WhatsApp 這個強大的通訊應用程式**。

根據總公司位於英國的社群媒體行銷公司「We Are Social」的報告《*Digital in 2018*》指出：除了日本、北美和澳洲、中國等之外，WhatsApp 在全世界廣受使用、有很高的市占率。而且，雖然在日本 LINE 的市占率最高，但是在北美和澳洲等地，則是由 Facebook 的 Messenger 占優勢。在中國則是微信（由本章所討論的騰訊所提供）擁有壓倒性的市占率。

Oculus 是 Facebook 在二〇一四年以二十億美元收購的企業。Oculus 擁有強大的 VR 和 AR 技術，並投入 VR 頭盔的開發、製造和販賣。該公司的任務是**「提供現實中不可能達成的虛擬體驗」**。

為了慎重起見，在此說明一下，VR 技術是指戴上像護目鏡一樣的頭盔、覆蓋視線後，就會在眼前看到高解析度、感覺完全擬真的影像世界。高超的 VR 技術會讓人腦產生錯覺，以為眼前放映的影像當真存在。如果 VR 發展得夠成熟，就不會受到場所或移動方式的限制，能夠為所有人提供各種體驗。

而在另一方面，AR 是指在現實世界中添加新資訊的技術。例如戴上了專門的眼鏡之後，眼前看到的風景就會添加上由眼鏡脈絡所提供的訊息，或是可以看到3D人物。透過智慧型手機的照相機，在風景畫面中，可以看到設定的人物現身，這也是AR技術。蔚為一時風潮的智慧型手機遊戲「精靈寶可夢GO」可以讓怪獸在街景中出現，就是當時利用AR技術做出的劃時代開發。

Facebook 收購 Oculus 究竟是為了實現什麼呢？長年在 Facebook 負責行銷等部門的麥可．霍伊弗林格，在《成為臉書：馬克．祖克柏如何思考創新與布局，讓全世界離不開臉書！》著作中，舉了幾個VR可以做到的事例。

「你可以用三百六十度的立體影像，觀看朋友在義大利渡假所拍攝的影片」

「你可以就像在場邊，觀賞NBA美國職籃的比賽」

「你其實可能住在地球彼端的小鎮裡，但仍然可以像坐在此端大學課堂教室的前排，聆聽世界級專家授課」

「你可以走進一部電影場景裡，而不只是觀賞電影」

「你可以不用實際走訪當地，就對難民營的狀況有切身體會，因而改變人生」

「你可以與遠在數千英里外的人說話與共事，而立即交流的程度，就像你們同處一室」

當然，這樣的未來還無法立即實現。VR 技術正在發展，頭盔等的普及可能也還需要時間。我參加了在二〇一九年一月於拉斯維加斯舉行的美國最大型消費性電子展「CES 二〇一九」，會中顯示在二〇一**九年上市、搭載 VR／AR 的裝置暫時減少了三%左右，預測大約在兩年後才會真正普及**。

不過，等 VR 普及之後，人與人之間的溝通樣態將發生大幅改變。在收購 Oculus 時，Facebook 的創辦人祖克柏便說過：「有朝一日，我們相信這種立體虛擬實境的加強式現實環境，將會成爲數十億人每天生活的一部分。」

利用 Oculus 技術的其他服務還包括在二〇一七年推出的 VR 應用程式**「Facebook Spaces」**。該服務讓用戶能夠與朋友在虛擬空間中共處，最多可以邀請三名 Facebook 朋友利用 VR 裝置進行互動。

目標是成為讓人無法忽視的行銷平台

Facebook 相繼推出了各項新服務。在二〇一八年有三百六十度環景拍照、上傳的功能，並且開始提供影視服務**「Facebook Watch」**。尤其是祖克柏在近年來將影視定位為大趨勢之一，因此致力於強化影視相關的服務。

但是，如果詳細探討各項服務的話，可能反而看不出 Facebook 的整體面貌。Facebook 到底是何種企業呢？

我用一句話來說明，就是**「提供人與人之間連結的平台，讓更多人在這個平台上集合，蒐集許多人的資料，用最佳化的廣告賺取收益」**的企業。不論是 Facebook、Messenger、Instagram，或是其中的影視、AR、VR 的服務，目標都是把人們連結在一起，好蒐集龐大的個資，推出更有效果的廣告，建構行銷平台，取得讓人無法忽視的地位。

在我們一般使用的 Facebook 和 Messenger 介面中，不太能看到 Facebook 作為行銷平台的那一面。頂多就是在 Facebook 或 Messenger 的畫面中會看到廣告出現。

不過，如果是想要用 Facebook 行銷的企業和個人，只要上「Facebook Business」網站，就可以對 Facebook 是怎樣的公司瞭然於心了。網站上詳細的介紹了如何讓 Facebook 提供的服務有助於提高產品／服務的知名度、喚醒對該產品／服務的需求，進而提高營業額，不僅可以真的讓顧客立即開始使用，網站上還列舉了從中小企業到大企業等各種成功案例的個案研究。

日本的例子就有「kintone」，這是軟體開發公司 Cybozu（才望子）的雲端資料庫業務項目，Cybozu 參加了 Facebook 的廣告活動，以促銷、宣傳 kintone 的 APP，申請件數比前年度多出一倍；還有摩斯漢堡也針對年輕客群採取了 Facebook 和 Instagram 的影視廣告，也的確讓成交量比廣告播出前增加到一．三倍。我們還可以詳細探討各種不同的個案。

附帶說明，Facebook 的強項是**不只於自己公司的媒體，還會到其他地方投遞廣告**。只要利用該公司的**「Audience Network」**這項服務，就可以在該公司的合作應用程式中播放廣告。該廣告當然也會**根據 Facebook 使用者的資料，以最佳化的方式呈現**。

理解到這些狀況之後，就知道當企業在思考行銷時，應該不可能對 Facebook 視而不見。

02 Facebook 的五因子分析

以「道」「天」「地」「將」「法」所做的策略分析

如果要了解 Facebook 的概略狀態，還是必須以「道」「天」「地」「將」「法」進行分析。請參照圖 3-3。

◆Facebook 的「道」

Facebook 過去一直以來宣示的任務都是「讓世界更加開放、彼此連結」（make the world more open and connected）。但是在二〇一七年，Facebook 更改了任務宣言，成爲「爲人們提供建立社群的力量，讓世界更加緊密連結」（give people the power to build community and bring the world closer together）。

圖3-3
以五因子方法分析「Facebook的整體策略」

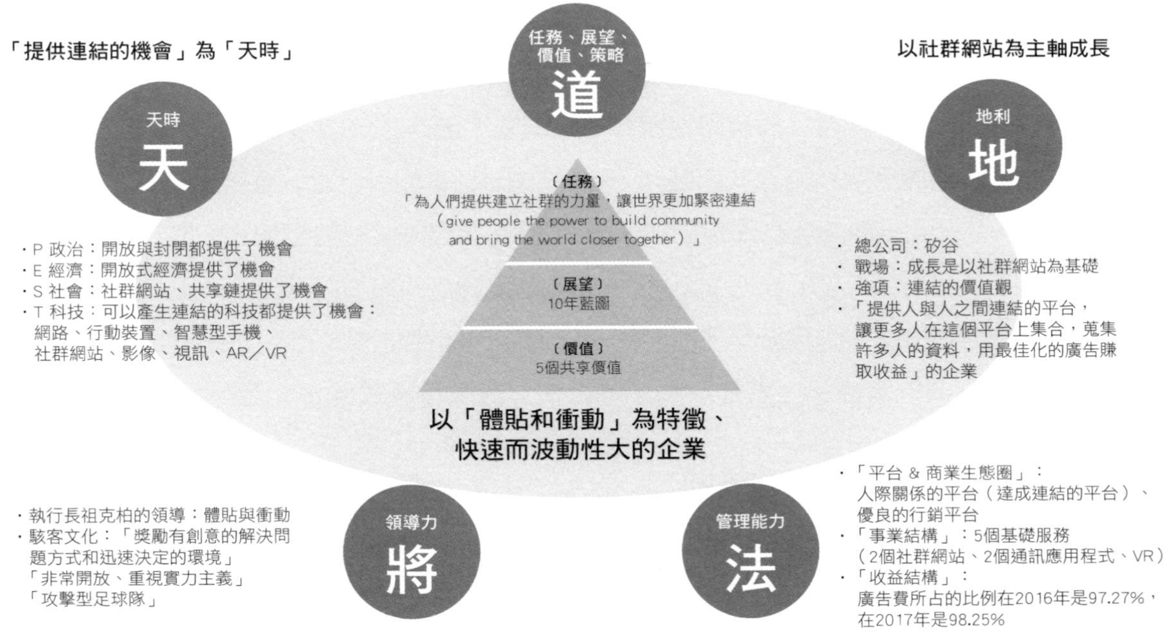

「提供連結的機會」為「天時」
天時
天
・P 政治：開放與封閉都提供了機會
・E 經濟：開放式經濟提供了機會
・S 社會：社群網站、共享鏈提供了機會
・T 科技：可以產生連結的科技都提供了機會：
網路、行動裝置、智慧型手機、
社群網站、影像、視訊、AR／VR
任務、展望、
價值、策略
道
〔任務〕
「為人們提供建立社群的力量，讓世界更加緊密連結
（give people the power to build community
and bring the world closer together）」
〔展望〕
10年藍圖
〔價值〕
5個共享價值
以「體貼和衝動」為特徵、
快速而波動性大的企業
以社群網站為主軸成長
地利
地
・總公司：矽谷
・戰場：成長是以社群網站為基礎
・強項：連結的價值觀
・「提供人與人之間連結的平台，
讓更多人在這個平台上集合，蒐集
許多人的資料，用最佳化的廣告賺
取收益」的企業
・執行長祖克柏的領導：體貼與衝動
・駭客文化：「獎勵有創意的解決問
題方式和迅速決定的環境」
「非常開放、重視實力主義」
「攻擊型足球隊」
領導力
將
管理能力
法
・「平台 & 商業生態圈」：
人際關係的平台（達成連結的平台）、
優良的行銷平台
・「事業結構」：5個基礎服務
（2個社群網站、2個通訊應用程式、VR）
・「收益結構」：
廣告費所占的比例在2016年是97.27%，
在2017年是98.25%

在更改任務的時候，創辦人祖克柏也提出了說明：「過去我們爲人與人之間的連結提供了協助，也讓大自然與世界變得更好了，但是世界依然是有隔閡的。」「我們過去的任務是要『支持人與人之間的連結，讓世界更加開放、彼此連繫』，現在這個任務還要再進一步，『除了單純的連結之外，還要傾力實現讓人與人有更加緊密連結的世界』。」（Facebook 新聞編輯部（Newsroom）／二〇一七年六月二十六日）。

從**「人與人之間有更加緊密的連結」**可以看出祖克柏強烈希望社群可以強化到前所未見。爲了讓「人與人之間有更加緊密的連結」，Facebook 公開的做法就是加強「社團」的功能。

在 Facebook 設立的初期就有社團工具的服務，使用者可以因興趣或商業等主題來成立社團、聚集成員，在主題之下分享資訊或進行交流。社團可以選擇公開的範圍，除了「公開社團」（指所有人都可以找到這個社團，也可以查看發布的貼文）之外，還可以成立「不公開社團」（所有人都可以找到這個社團，但是只有成員可以查看發布的貼文）和「私密社團」（只有成員可以找到這個社團及查看發布的貼文）。這算得上是一種創造緊密社群的工具，而在「爲人們提供建立社群的力量」任務中，無疑擔任了重要的角色。

而且爲了強化功能，社團還推出**訂閱服務**，這點也很值得注意。社團管理者可以用這項服務對成員收取一定金額的費用，然後提供必須付費的內容，這樣的做法除了讓 Facebook 爲使用者「提供建立社群的力量」之外，還增加了廣告收入之外的其他收益來源。

近年來，訂閱服務建構起可以持續獲得穩定收益的商業模式，因此頗受關注，也一直在導入各種業務種類。**訂閱的本質原本就是讓提供服務的一方和接受服務的成員建立起親密的關係**。全世界有十億人在利用社團這項服務，因此加上訂閱功能的意義就不容小覷了。

◆Facebook 的「天」

從讓 Facebook 達成「爲人們提供建立社群的力量，讓世界更加緊密連結」的任務機會，就可以理解 Facebook 的「天」。除了網路、智慧型手機等行動裝置自不待言之外，三百六十度影像和 VR／AR 等技術的成熟也稱得上是 Facebook 的「天」。

除此之外，「益發封閉的大國和益發開放的大型科技公司」這樣的結構其實也成了 Facebook 的「天」。

經濟學者水野和夫在他的著作《二十一世紀經濟：益發封閉的帝國與其悖論》（閉じてゆく帝国と逆説の 21 世紀経済）中，認爲「在已開發國家的國民之間，有一股急速擴大的趨勢想要否定全球化。英國國民選擇脫離歐盟，美國選出的川普總統驅逐非法移民、對外國產品提高關稅，這已經是一股明擺在衆人眼前的趨勢了」「這是選擇要讓世界走向『封閉』」。而在另一方面，Google、Amazon、Facebook 等全球企業又都能夠超越國境、超越不同產業之間的藩籬、超越網路與眞實之間的疆界，將人與人連結在一起。靠著這樣**向全球日益「開放」的做法，在某些方面甚至可以取得超越國家的影響力**。

對 Facebook 來說，「大型科技公司的益發開放」潮流對於擴大商務自然是一種助力，不過**「益發封閉的大國」這樣的趨勢也帶來了商機**。有傳言在二〇一六年的美國總統大選中，是因爲有人在 Facebook 散布假新聞，才造成川普總統的當選。也就是說，像 Facebook 這樣超大型的社群網站即使是在封閉的社群中，還是能夠強化連結、提高存在感。

可以將世界的「開放」和「封閉」同時轉化成商機，應該就是 Facebook 過人的強項了。

◆Facebook 的「地」

Facebook 的事業領域以社群網站爲基礎。人與人之間的「連結」才是 Facebook 提供的價值，也是能夠讓使用者產生共鳴的部分。人與人之間的連結建構起來之後，先是以文字，接下來則推出了照片、影片作爲加強連結的工具，甚至還提供了 AR／VR 這些能夠趕上時代的功能，同時，也提高了行銷能力。

Facebook 在二〇一七年九月公布了未來十年的藍圖，從中可以歸納出幾個重點的要素，整理如圖 3-4。

從這個藍圖中，可以看到最近期的三年是先以 Facebook 和 Instagram 確實建立起商業生態圈；接下來的五年中，則加強 Messenger 和 WhatsApp 這兩個通訊應用程式和社團、影片等；然後繼續用高速 Wi-Fi 和無人機等強化連接的能力，還有對於 AI 和 VR／AR 的利用也是不可少的。

◆Facebook 的「將」

提到 Facebook 的「將」，創辦人祖克柏的性格就說明了一切。在《成爲臉

圖3-4

Facebook 公司的十年藍圖

10年後
5年後
3年後
2017年
影片（Video）
Messenger
WhatsApp
Facebook搜尋
Facebook社團
Workplace
連接
AI
VR／AR
Facebook
Instagram
商業生態圈
產品
科技

出處：根據 Facebook 首席技術長斯科洛普夫在開發者會議「F8」2017（第2天，2017年4月19日）中，演講基本方針的資料，由作者製圖

參照：Facebook新聞編輯部（Newsroom）

書》一書中，提到祖克柏的牙醫父親在祖克柏小時候就教他電腦程式的基礎，他還當眞寫出了一個爲家裡六個人彼此傳遞訊息的收發信程式「祖克網」（Zuck Net）。這個程式還可以連線到他父親牙科診所的電腦。從這件事就可以看出祖克柏小時候就發現了把「人與人之間連結起來」的價值。

在哈佛大學就讀的時候，他首先寫出了「課配網」（CourseMatch）這個程式，爲校內的社群網絡提供服務。接著又爲一起上美術史的同學寫了一個可以分享筆記的程式，讓這一班得到了有史以來的最高分。這些經驗應該讓他**充分感受到善用技術，加強人與人之間的連結是一件很有意義的事**。

在幾個月之後，祖克柏開發出「FaceMash」這個服務。但是這個服務卻引發許多問題。網站主旨是要讓同學互相評論個人的外貌，爲了開發這個程式，祖克柏駭進了大學宿命的區域網路，在未經准許的情況下，下載了學生的照片。這件事讓祖克柏受到學校的處分，也必須對校內的女性團體道歉。在《成爲臉書》中，對這件事的描述是「他的作品以及這個網站所帶動的社群互動，已經超越了個人品味、著作權法和隱私權可以容忍的界線」「然而這踏錯的一步，不僅教會祖克柏要尊重隱私權，而且要讓資料具備共同管理機能，所以祖克柏在二〇〇四年二月發表 facebook.com 時，就沒再重蹈覆轍」。該書中也提到了祖克柏的領導能力。在他麾下工作的邁克・施洛普佛（Mike Schroepfer）認爲「雖然祖克柏對於使命的熱情絕不亞於任何人，但他絕非只是掛在嘴上，而是身體力行」「不管是在臉書公司內部或公開場合，他都情願展示，而非空談。從臉書源頭的祖克網，就一直是這樣。當別人還在觀望等待的時候，他已經完成了」「公司裡到處都是『只要不怕，就能實現』的海報，祖克柏自己也向臉書員工證明了這句話之於他的意義」。

我認爲在祖克柏的言行中隨處可見的「衝動」很值得注意。這件事如果往好的方面發展，就是今天 Facebook 的快速成長，但是出現保護個人資料的疑慮時，大家也知道 Facebook 一向採取輕視的態度，把這當作麻煩事。**祖克柏欠缺冷靜的對應方式，也造成了 Facebook 的企業評價明顯下降**。

◆Facebook 的「法」

Facebook 的「法」可以整理爲「建構人與人之間的連結平台，並賺取廣告收益」這樣的商業模式。

前文曾提及，Facebook 對於一般使用者而言是每天接觸的社群網站，但是對於企業或團體而言，卻負起了行銷平台的任務。廣告費在 Facebook 的營業額中占的比例在二〇一六年是九七・二七%，在二〇一七年則是九八・二五%。訂閱在將來還可能成爲主要的收益來源之一，不過如果現在說**「該公司幾乎完全靠廣告收入經營」**，應該也沒有什麼不對。

行文至此，我們已經討論了 Facebook 公司有什麼樣的產業，以及 Facebook 的五個因子。掌握了整體面貌之後，我們再來探討個別的論點。

03 標榜「駭客之道」的理由

體現經營者的大膽之處

Facebook 的網站上標明該公司的文化是「駭客文化」，並且說明「駭客文化」的意義是**「獎勵創意解決問題的方式和迅速決定的環境」**。

一般使用駭客這個詞，負面的意涵居多。大概很多人會聯想到擁有高超技術，卻惡意使用這些技術，侵入系統和網路做壞事的人。但是，Facebook 卻無懼於經常使用「駭客」一詞。Facebook 總公司就位於矽谷的「駭客路一號」，在員工經常去的餐館附近，也有一個大廣場叫做「駭客廣場」，地上還寫著大大的「駭吧」字樣。廣場對面的大樓甚至高高掛著「駭客公司」的招牌（日經商業線上〈Facebook 新的總公司，全區貫徹駭客精神〉（フェイスブック新本社は丸ごと『ハッカー精神』の塊だった）」二〇一二年十一月二十九日）。

在Facebook於二〇一二年上市時向美國證券交易委員會提交的申請書中，祖克柏用了一份附件，鄭重其事的提到了駭客文化。這封信的篇幅有點長，不過還是讓我們看一下相關的內容。

為了建立一個健全的公司，我們努力讓Facebook成為最能夠讓優秀人才為世界帶來強大影響力，並且向其他優秀人才學習的地方。我們培育出自己獨特的文化和經營方式，稱之為「駭客之道」（Hacker Way）。

「駭客」這個詞被媒體描述為侵入電腦的人，因此具有不恰當的負面意涵。但是事實上，「駭客」的原義只是用高效率的方法產出成果，或是測試所能做到的極限。和許多其他詞彙一樣，它可以用於好事，也可以指涉壞事。不過至今為止，我所遇過的駭客中，絕大多數是理想主義者，他們都想為世界帶來正面的影響力。

駭客之道是指持續改善和不斷重複達致完美的方法。駭客相信永遠都有進步空間、所有的東西都是未完成品。他們屢屢被那些說「不可能」、對現狀滿足的人們所阻礙，但即便如此只要有問題，他們就思考恢復。

駭客從比較小規模的重複中很快的得出想法和學習，建立起長期適用的最佳服務，而不是想要一步到位。為了支援這個做法，我們建立了一個測試架構，隨時對上千種版本的Facebook進行測試。我們的牆壁上漆著「完成勝於完美」（Done is better than perfect.），提醒我們要繼續推進。

駭客在本質上也是一種不可假手他人、積極動手的戒律。相較於花上幾天的時間爭辯「一個新想法是否可行」「最好的方法是什麼」，駭客寧可先試做一個東西出來，觀察是否可行。在Facebook的辦公室，你常常可以聽到「編碼勝於雄辯」（Code wins arguments.）這句真言。

駭客文化也極為強調開放和任人唯才。駭客相信有好的想法並實現才是最重要的，而不是專會出張嘴遊說或管理眾人的人。

（日經電子版〈企業文化是快速、大膽、開放的「駭客文化」Facebook 上市，CEO 祖克柏「給股民的信」〉（企業文化は『ハッカーウエー』、速く・大胆に・オープンであれ～フェイスブック上場へ、ザッカーバーグ CEO『株主への手紙』）二〇一二年二月二日）

在這封信中，我們可以強烈的感受到祖克柏對於「駭客之道」的堅持。在逐漸成爲社群網站龍頭、取得壓倒性地位的過程中，也的確需要像駭客一般，用迅速的行動一直開發新的服務。「完成勝於完美」「編碼勝於雄辯」這些話如實彰顯了 Facebook 的強大之處。

但是，即使同樣是美國的大型科技公司 Google 和 Apple，我們有辦法想像他們直接揭示「駭客之道」的說法嗎？答案是否定的。這個詞很能夠代表祖克柏這位經營者的大膽和 Facebook 的價值觀，堪稱爲具有象徵性的詞彙。**就算這個說法帶有負面印象，只要的確具有強大的影響力，就不怕大聲的說出口。**

04 作為媒體的 Facebook

左右了美國總統大選的結果嗎？

Facebook 不只是社群網站，我們還必須理解它也是一個甚具存在感的媒體。

在二〇一七年二月，我有機會和負責共和黨選舉行銷的團體「American Majority」的首席執行官內德．瑞恩（Ned Ryun）直接對話。他既是前總統小布希的演講稿撰寫人，也在二〇一六年的總統大選中，對川普總統取得勝選有很大的貢獻。

在政治行銷中，瑞恩很重視**「人們都在網路上生活」「如何將線上的連結轉化成支持」**。因此他舉出了以下資料。

「美國人平均一天上網八十五次，一天有五小時在線上」

「有六四%的美國人擁有智慧型手機，相較於二〇一二年的三五%大幅上升」

「Facebook 是最主要的社群媒體，有八〇%的美國人會用 Facebook」

「六十五歲以上的人中，有六二%會使用 Facebook，這個數字相較於二〇一五年的四八%，大幅上升」

「在社群媒體的使用者中，有八八%是已經完成登記的選舉權人」

「在社群媒體上有三十則留言，就足以引起國會議員的注意了」

這些數據雖然有些許過時，但即使現在看起來，Facebook 也依然能帶來影響力。

有些人以為日本年輕人沒有那麼熱衷使用 Facebook，因此並不看重 Facebook 的影響力。但是**在美國，Facebook 的媒體勢力是絕對夠強大的**。

還有其他數據也顯示出 Facebook 作為媒體能夠發揮的力量。在二〇一七年一月，美國的智庫機構「皮尤研究中心」調查了選舉權人在前一年的總統大選期間究竟收看了哪一家媒體，結果顯示最多人收看的是 FOX（一九%），其次是 CNN（一三%），第三是 Facebook（八%）。順帶一提，第四名是地方電視台，第五名則是 NBC、MSNBC 和 ABC，由此可以看出 Facebook 甚至力壓主要媒體，排名十分前面。

我們不能夠忽略的是，像瑞恩這樣的政治行銷權威也認爲**「與主要媒體相較，社群媒體對於投票權人的掌握更爲重要」**。

瑞恩也很熟悉消費者行銷學的理論和實踐，不過他也指出「消費者行銷學認爲消費者會受到社群媒體的影響，不過社群媒體、友人的口耳相傳對於選舉權人的選舉行爲所產生的影響更大」。換句話說，很多人會積極閱讀 Facebook 朋友或追蹤用戶按「讚」或分享的貼文，進而受到影響、在選舉中反映結果。

而在總統大選過後，有人發現 Facebook 上散播的假新聞與俄國有關，這些假新聞一再被分享，因而影響了選舉結果，這件事使得 Facebook 飽受批評。祖克柏的回應是 Facebook 上的假新聞十分稀少，「如果認爲這幾則新聞能夠用任何形式影響到選舉結果，實在是無稽之談」，而且還**反駁說「Facebook 並非媒體」**（CNET Japan〈Facebook 對美國總統大選的影響？〉（Facebook が米大統領選の結果に影響？）二〇一六年十一月十四日）。

但是，如果考量到 Facebook 作爲一個實質媒體所發揮的影響力，應該就有很多人不認同祖克柏的這番話了吧！其實 Facebook 日後繼續遭到更大的批判。

05

洩露個資的問題接連發生，對策爲何？

從「連結時代」進入「資訊時代」的對應方式

Facebook 洩露個資的問題帶來的影響是不容忽視的。

Facebook 爆發在二〇一八年三月川普總統選舉期間，以不正當的方式販售、利用個資的疑雲。大家質疑英國劍橋大學的研究者透過 Facebook 的個性分析測驗取得了個資，而選舉顧問公司「劍橋分析」則以不正當的方式取得了上述資料，並藉由 Facebook 來操縱使用者的心理。祖克柏也因這樣的質疑必須出席公聽會，並且接受議員長達五個小時的質詢。

在該年九月，有三萬名 Facebook 使用者的個資遭到洩露；十二月則發生了智慧型手機內的照片被外部應用程式開發公司取得的狀況，最多六百八十萬人受到影響。除此之外，還有大幅報導指出 Facebook 與 Apple 和 Amazon、微軟等約一百五十間公司共有使用者資料，

Facebook 也可能看得到這些企業與聯絡對象的通訊方式和個人訊息的內容等，掀起軒然大波。像這樣的問題相繼發生，我認爲是祖克柏的警覺不足，還有他的激進面向往負面發展，而讓事情惡化下去。

Facebook 以龐大的個資爲基礎，實現了無孔不入的行銷，並透過廣告商務獲得極高的收益。但是這種做法可以持續到什麼時候，其實狀況不明。各方對於 Facebook 獨占資料的疑慮日益升高，各國也都在熱列討論是否應該制定規則加以限制。

在CES二〇一九中，也可以強烈感受到**各國對於「隱私權憂慮」的意識高漲**。CES將二〇一〇年開始的十年定位成「連接的時代」，並且認爲 Facebook 是連結人與人的代表性社群網站，確實有巨大的貢獻；而二〇二〇年開始的十年則是「資訊的時代」，此後的任何東西都可以提供資料。資料的重要性應該不需要在這裡再次強調了，在CES二〇一九中最引人注目的，大概就是大部分會議參加者都表達出對於取得資料的「隱私權顧慮」。這是前一年還沒有發生的事。在隱私權問題的討論中，Facebook 以不正當的方式洩露個資的問題很常被提起，甚至還超過歐洲正在制定的《一般資料保護規範》（GDPR），這顯示Facebook 的問題的確對美國的整體科技業帶來了很大的影響。「駭客文化」所帶來的「創意解決問題的方式和迅速決定的環境」已經無法處理這樣嚴重的狀況了。要徹底解決這樣一而再、再而三重複的問題，並且贏回顧客和社會的信賴，甚至或許需要重新檢討企業的基因。

而在二〇一九年三月六日，祖克柏在自己的 Facebook 頁面上發表了一篇標題爲**〈聚焦於隱私權的社交網絡〉**（A Privacy-Focused Vision for Social Networking）的網誌長文。文中宣示要從以往的開放型平台**轉型成重視朋友間交流的訊息型平台**（這是過去騰訊和 L I N E 比較擅長的部分）。其中也明白表示新型平台的原則是重視交流的隱私和安全性，並且將縮短發表內容被保留在紀錄的期間等。祖克柏也知道這在短期內會對事業發展和收益造成很大的影響，算是相當有震撼性的內容。可以感受到這是 Facebook **賭上生存想要轉型**。在第二章對 Apple 的說明中，我們也強調過美國和其他許多國家接下來會越來越重視隱私權，企業也應該及早對應才是。

06 騰訊的企業實際狀況

科技類的百貨商場

接下來要討論的騰訊控股是在中國**和阿里巴巴爭奪市價總值龍頭寶座的超大型企業**。由於社群網站的快速成長，也有人把騰訊稱做「中國的 Facebook」。

但是如果眞的夠了解騰訊的話，就會知道它和 Facebook 的差異十分明顯。Facebook 的特點是用社群網站建構起強大的基礎，再用廣告收益開展事業，相對於此，**騰訊雖然也是用社群網站作爲事業的起點，但是總體事業範圍卻非常廣泛**，還有提供遊戲等數位內容，並且進軍支付等金融服務、由 AI 進行自動駕駛和醫療服務，此外還有與 Amazon AWS 類似的雲端服務，與阿里巴巴正面對決的「新零售」店鋪，可謂十分多元。

如果只用一句話來說明騰訊是怎樣的企業，那就非**「科技類的百貨商場」**莫屬了。

◆能夠吸引到十億人以上MAU的QQ、微信、QQ空間

騰訊的事業核心服務是被公司定位成「社群&社交」的「QQ」「微信」「QQ空間」。QQ主要類似於向個人電腦發送郵件的服務；微信則是向行動裝置發送訊息的應用程式。用Facebook來比喻的話，微信就很像Messenger或WhatsApp。QQ空間是可以寫部落格或分享照片的社群網站，就像是Facebook。

在二〇一八年六月底，騰訊MAU的統計顯示**QQ有約十五億人，微信有約十億人，QQ空間是約十一億人**。雖然其中可能有許多使用者是重複的，不過我們依然可以看出騰訊的使用者人數直逼MAU超過二十億人的Facebook。

而且雖然Facebook的使用者擴及世界各地，但是騰訊社群網站的使用者卻主要位於中國。中國的人口大約十四億人，而微信的使用者多達十億人，由這個數字中，不難看出騰訊的行動社交服務遍布中國社會之高。

◆由社群網站展開遊戲和支付服務

爲中國國內通訊事業打下基礎的騰訊透過社群網站，將事業範圍大幅擴大到各個面向。

圖3-5是騰訊二〇一八年第三季的投資人關係（IR）資料。這個圖中描繪的圖像以QQ和QQ空間等「通訊及社交」的齒輪為中心，並且與「網路遊戲」「媒體」「金融科技」「其他效用」的齒輪互相連動。也就是說，騰訊會為**社群網站招來的使用者提供遊戲和視頻、新聞、音樂、文學等內容和支付服務、應用程式商店等**。

在這些服務中，有部分會由騰訊向使用者收取費用，這些總稱為**VAS**（**Value-added service，加值服務**）。**而騰訊的營業額中，有六五%就是來自VAS**。

在騰訊的事業版圖中，為個人電腦和

圖3-5
騰訊為「通訊平台」公司

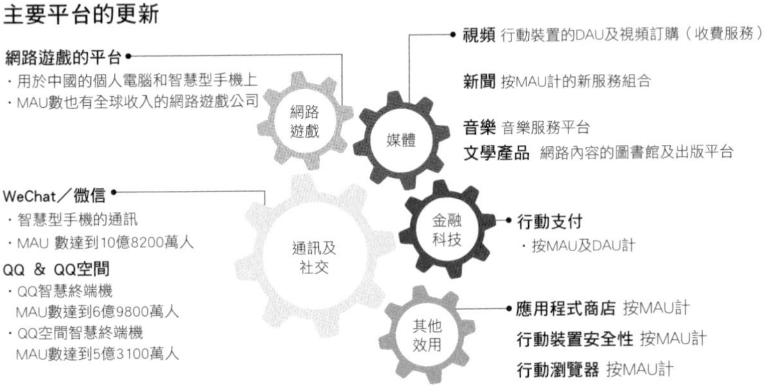

主要平台的更新
網路遊戲的平台
・用於中國的個人電腦和智慧型手機上
・MAU數也有全球收入的網路遊戲公司
網路遊戲
媒體
視頻 行動裝置的DAU及視頻訂購（收費服務）
新聞 按MAU計的新服務組合
音樂 音樂服務平台
文學產品 網路內容的圖書館及出版平台
WeChat／微信
・智慧型手機的通訊
・MAU 數達到10億8200萬人
QQ & QQ空間
・QQ智慧終端機
MAU數達到6億9800萬人
・QQ空間智慧終端機
MAU數達到5億3100萬人
通訊及社交
金融科技
行動支付
・按MAU及DAU計
其他效用
應用程式商店 按MAU計
行動裝置安全性 按MAU計
行動瀏覽器 按MAU計

出處：根據騰訊公布2018年第三季業績（於2018年10月14日發布），由作者製圖智慧型手機提供的網路遊戲尤其有讓人絕對無法輕忽的存在感。熟知騰訊的人當中，可能也有些人對該公司的印象是「由網路遊戲壯大的公司」。

尤其是在二〇一五年推出的原創遊戲《王者榮耀》下載次數超過一億次，蔚爲社會風潮。中國共產黨中央委員會的機關報《人民日報》便在二〇一七年批評「騰訊讓有爲的年輕人像中毒般沉溺於遊戲，爲社會帶來負面的影響」（《二〇二五年、日中企業的差異》（二〇二五年、日中企業格差））,因此騰訊只好對未成年玩家的使用時間祭出限制。網路遊戲當然會在遊戲中收費。玩家的樂趣之一便是購買遊戲內使用的武器等道具和人物。這形成了該公司的VAS，也會提高營業額。

騰訊的事業中還有一個很受矚目的項目，就是直追在阿里巴巴「支付寶」之後的**行動支付服務「微信支付」**。微信支付的使用範圍很廣，掃描 QR Code 就可以完成店鋪的結帳和個人之間的轉帳，也可以支付電子商務。

原本是騰訊的微信支付要試圖闖進支付寶已經相當普及的地方，不過也有報告指出中國國內的行動支付市場現在已經是支付寶和微信支付分庭抗禮了（參見〈易觀國際中國 IT 每月新聞〉（易観国際中国 IT マンスリーニュース）二〇一八年一、二月號）。騰訊能夠分走這樣的市占率，是因爲微信支付可以直接使用微信應用程式中的「錢包」功能。騰訊的強項果然是掌握了通訊領域的基礎設施。

不過，騰訊在《二〇一七年年報》中，指出今後在策略上要加強的產業領域有六項。分別是**「網絡遊戲」「數位內容」「與支付相關的互聯網金融服務」「雲端」「ＡＩ」「智慧零售」**。尤其看得出騰訊今後會在ＡＩ和智慧零售上發展的方向，我將於後文詳述。

07 騰訊的五因子分析

以「道」「天」「地」「將」「法」所做的策略分析

接下來將以分析 Facebook 的相同五個因子來分析騰訊。請參照圖 3-6。

◆騰訊的「道」

騰訊揭示的任務是要「通過互聯網服務提升人類生活品質」（improve the quality of life through internet value-added services）。

我們應該注意此任務中的「生活品質」。

Facebook 的任務關鍵字是「連結」。也就是說，Facebook 重視的是「將人與人之間連結起來的社群」，這也符合該公司有大半事業領域屬於社群網站的做法。

圖3-6

以五因子方法分析「騰訊的整體策略」

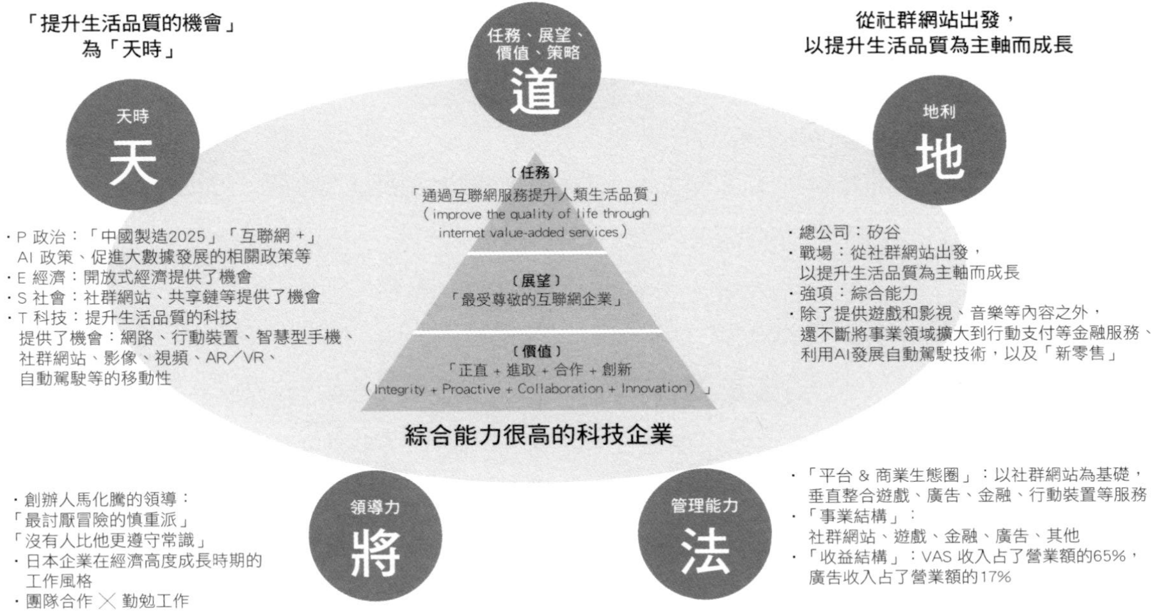
「提升生活品質的機會」
為「天時」
任務、展望、價值、策略
道
從社群網站出發，
以提升生活品質為主軸而成長
天時
天
地利
地
〔任務〕
「通過互聯網服務提升人類生活品質」
（improve the quality of life through internet value-added services）
〔展望〕
「最受尊敬的互聯網企業」
〔價值〕
「正直＋進取＋合作＋創新
（Integrity＋Proactive＋Collaboration＋Innovation）」
・P 政治：「中國製造2025」「互聯網＋」
AI 政策、促進大數據發展的相關政策等
・E 經濟：開放式經濟提供了機會
・S 社會：社群網站、共享鏈等提供了機會
・T 科技：提升生活品質的科技
提供了機會：網路、行動裝置、智慧型手機、
社群網站、影像、視頻、AR／VR、
自動駕駛等的移動性
・總公司：矽谷
・戰場：從社群網站出發，
以提升生活品質為主軸而成長
・強項：綜合能力
・除了提供遊戲和影視、音樂等內容之外，
還不斷將事業領域擴大到行動支付等金融服務、
利用AI發展自動駕駛技術，以及「新零售」
綜合能力很高的科技企業
・創辦人馬化騰的領導：
「最討厭冒險的慎重派」
「沒有人比他更遵守常識」
・日本企業在經濟高度成長時期的
工作風格
・團隊合作 ╳ 勤勉工作
領導力
將
管理能力
法
・「平台 & 商業生態圈」：以社群網站為基礎，
垂直整合遊戲、廣告、金融、行動裝置等服務
・「事業結構」：
社群網站、遊戲、金融、廣告、其他
・「收益結構」：VAS 收入占了營業額的65%，
廣告收入占了營業額的17%

而另一方面，騰訊的任務「通過互聯網服務提升人類生活品質」中，「互聯網服務」單純只是手段，騰訊的事業範圍其實並不限於網路世界。**「提升人類生活品質」的目的才是眞正重要的**。騰訊是根據「提升中國人的生活品質」這樣的任務而展開事業，因此其事業會擴大到與生活相關的各個領域。

從某個面向來看，Facebook 和騰訊都是「以社群網站爲中心的企業」，或許會讓人覺得兩者十分類似，但是如果注意到兩者的「道」並不相同，就會明白爲什麼兩者的事業領域大異其趣了。

◆騰訊的「天」

既然騰訊揭示的任務是「提升人類生活品質」，因此在開展事業時，與提升生活品質有關的機會就是騰訊的「天」了。

由於世界的技術不斷進步，「網路」「行動裝置」「社群網絡」「影像、視頻」等的發展對 Facebook 和騰訊都帶來了商業機會。值得注意的是，騰訊還利用更多與產業有關的科技，例如自動駕駛和電動車、電子商務、零售店鋪這些與「生活」息息相關的技術發展，掌握自己的商業機會。

◆騰訊的「地」

騰訊事業版圖的特徵就是完全以社群網站為基礎，朝向廣闊的範圍發展，終至成為「科技類的百貨商場」。除了提供遊戲和視頻、音樂等內容之外，還不斷的將事業領域擴大到行動支付等金融服務，利用ＡＩ發展自動駕駛技術，以及「新零售」。

今後，騰訊也將為了「提升生活品質」的目標，繼續將事業擴大到各種領域吧！騰訊近年來的動向中有兩點特別值得注意。其一是接受中國政府的政策支援，**利用ＡＩ投入醫療服務**，還有一點是在中國國內**與阿里巴巴的競爭**。騰訊和阿里巴巴在智慧城市與自動駕駛、零售等領域展開了鏖戰，究竟在各個領域會由誰勝出，應該很值得注意。這也將於後文詳述。

◆騰訊的「將」

騰訊的強項是綜合能力很高。這和其中一位創辦人、首席執行官馬化騰的領導風格有很大的關係。

本書所討論的企業創辦人，像 Amazon 的貝佐斯、Apple 的賈伯斯、Facebook 的祖克柏都具有強烈的個性和獨創性，從某個意義上來說，他們都是在某方面無法取得平衡的人。

但是馬化騰就完全不會給人這種印象。周遭的人對他的評價是**「最討厭冒險的慎重派」「沒有人比他更遵守常識」**，大家都知道他的個性非常認眞而勤勉。在企業經營上，他十分重視團隊合作，在管理階層一起召開的高階經營者會議中，馬化騰一向擔任聆聽者的角色，並且在最後負責協調各方意見。在騰訊創業之初的一九九八年，曾經有一段時間規定只要五名創辦人中，就算只有一個強烈反對，提案就不會通過（《二〇一五年、日中企業的差異》）。可見他這位經營者非常能夠讓各方取得平衡。

馬化騰這種領導風格反映出的騰訊，很像是**日本經濟高度成長時期的企業工作風格**。富士通總研經濟研究所的上級研究員趙瑋琳在報告（《日經 SYSTEMS》二〇一八年一月號）中，指出騰訊是「『技術男』（理工科系出身、工作認眞、薪水也很好的男性）的世界，員工多爲高學歷的理工科系出身，待遇和福利也都很好」「很重視能夠常對新事物提出挑戰的組織文化」，但是在另一方面，「也有ＩＴ企業常見的工作過勞問題」。日本近期一聽到過勞，就會呼籲「改革工作方式」，看待此事的觀點較爲負面，但是對於正處在經濟成長期的中國而言，員工似乎對此大多不感到有問題。

員工勤勉的工作，甚至到過勞的程度，和良好的團隊合作，是騰訊快速成長的源頭。

◆騰訊的「法」

騰訊的事業結構定位在「通訊及社交」，以**社群網站爲主軸**，在策略上往多角化方向發展，**垂直整合各種商務**，像遊戲、金融、自動駕駛等。

如果以二〇一七年的資料來觀察騰訊的收益結構（圖3-7），可以發現**VAS的收入占了營業額的六五%**。其中大部分應該是遊戲中收取的費用。**從收益結構來看，騰訊幾乎可以說是遊戲公司了**。

VAS的註冊人數，也就是加值服務的使用者高達一億五千四百萬人。有這麼多使用者會一直掏錢出來，因此網

圖3-7
騰訊的收益結構（2017年）

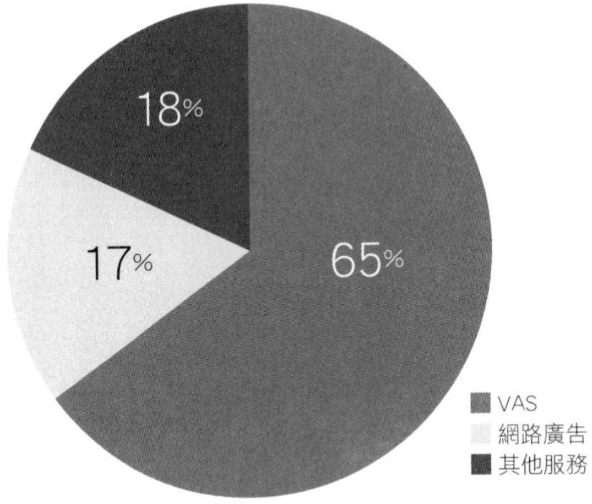

出處：騰訊《2017年報》

路遊戲對於騰訊而言非常重要。二〇一八年第二季的 VAS 收入與前年相同季度相比，增長了一四%，有二位數的成長，這表示網路遊戲一直是騰訊的主力產業。

營業額的一七%是廣告收入。在這部分，二〇一八年的第二季也比前一年同一季增長了三九%，已漸漸成爲騰訊的主要收入。既然 Facebook 得以利用社群網站蒐集的個資，提高廣告的效果、鞏固廣告媒體的地位，**騰訊的廣告收入應該也還有很大的成長空間**。微信和騰訊視頻都發展成廣告媒體，兩者的流量也都日漸成長，這暗示騰訊的廣告事業還大有可爲。除此之外，與金融相關的「其他服務」也占了營業額的一八%。二〇一八年的第二季和前年同一季相比，大幅增加了八一%，其中有很大的原因是微信支付切入金融相關服務和雲端的相關服務所造成的。

08 騰訊的ＡＩ策略

投入「AI×醫療」「AI×自動駕駛」領域

在騰訊的發展領域中，ＡＩ策略很值得注意。ＡＩ在許多領域都有與日俱增的重要性，不過騰訊特別選擇了「ＡＩ×醫療」「ＡＩ×自動駕駛」的領域投入。

在中國政府發表的《國家新一代人工智能開放創新平台》（二〇一七年十一月）中，將ＡＩ產業定位成國家策略，並且決定了四大主軸以及各主軸要交託的公司。

在本書討論的大型科技企業中，**百度被交付的是「ＡＩ×自動駕駛」，阿里巴巴是「ＡＩ×城市大腦」，騰訊則是「ＡＩ×醫療影像」**。因爲騰訊原本就對醫療服務的ＡＩ略有研究，因此被中國政府寄予厚望。

在二〇一七年八月，騰訊集合了臉部辨識等ＡＩ技術，成立「ＡＩ醫學影像聯合實驗室」。這個實驗室的臨床實驗設備能夠早期篩檢食道癌。解讀醫療影像顯影向來受限於醫師的技術和經驗。實驗室便運用了ＡＩ，提高精確度。如果利用過去的病理診斷資料和醫師的網絡讓ＡＩ多加學習，癌症的早期發現自不待言，就連能檢查出小型腫瘤和提高電腦斷層檢查的正確度等，應該也是指日可待。

騰訊對「智慧醫療服務」的構想涉及甚廣，運用「微信智慧醫療」一．〇、二．〇版本就可以在網路上取得看診號碼、支付費用、看診時間和行進路線介紹等。接下來的三．〇版本還可能透過微信讓付費方式更多元，並且用電子郵件寄送處方箋，讓患者在家附近的藥局或在自己家裡就可以領藥。其他開發中的功能還包括利用ＡＩ進行線上診療和問診，診斷後的護理等也改爲自動化，ＡＩ也可以支援醫療影像的診斷。藉由區塊鏈的技術，亦可統一管理診療紀錄，讓醫師可以回溯患者的就診資料和健康狀況等詳細情況（日經×TREND〈騰訊的「聰明醫院」最新版，活用ＡＩ和區塊鏈〉（テンセントが『スマート病院』最新版でＡＩとブロックチェーン活用）二〇一八年五月二日）。

如果能夠減輕在醫院接受診斷、領取處方箋的各種麻煩和繁雜手續，就可以減輕相關醫療人員的負擔。把過去從未整合的醫療紀錄統一管理，再提供給醫師參考，也會對醫療品質的提升帶來貢獻吧！

騰訊也跨足了**新世代的自動車產業**。除了擁有**美國電動汽車公司特斯拉五%的股份**之外，還於二〇一六年十二月與**德國公司ＨＥＲＥ締結了策略上的各項合作**。ＨＥＲＥ是與美國Google齊名的精密３D地圖供應商，這項技術在打造自動駕駛的生命線「數位基礎設施」中不可或缺。

除了與ＨＥＲＥ合作，針對中國市場展開數位地圖的服務之外，騰訊也開始建構自動駕駛必須使用的精密定位服務。

除此之外，騰訊還於二〇一七年十一月在北京開設自動駕駛技術的研究機構。運用至今為止所培育的定位和ＡＩ技術，投入自家公司的自動駕駛事業，也有資料指出在二〇一八年四月，自動駕駛汽車已經完成了公路的行駛測試。

還有，在二〇一七年十二月於深圳進行無人駕駛公車的上路測試時，用的也是騰訊為智慧型手機提供的乘車應用程式的行動支付。雖然騰訊並不是這個自動駕駛技術的計畫成員，但是在測試過程中所得到的知識，或許也可以用於自家的自動駕駛事業吧！

在二〇一八年十一月，於中國廣州召開的國際汽車展覽會中，騰訊與當地的汽車大廠「廣州汽車」合作，發表了配置有「AI in Car」的汽車，而且當時也有量產的機制。騰訊說

明「這個系統匯集了騰訊的安全技術、內容、大數據、雲端運算和ＡＩ技術等，爲智慧型汽車提供了解決方案」。（《中國創新》（チャイナ・イノベーション）。

09 讓騰訊成爲平台的「微信小程序」

智慧型手機應用程式的概念被改變了嗎？

騰訊的策略中，可以在微信應用程式中使用的「微信小程序」很值得注意。騰訊公司也在二〇一八年第二季的報告書中花了兩頁的篇幅解說，看得出騰訊對這項服務的關注程度很高。

微信小程序是在二〇一七年一月展開的服務，簡單來說就是**可以在「應用程式內提供應用程式」**。以 Apple 提供「App Store」的所有應用程式爲例，這些應用程式在開發時，規格都要適用於 Apple 的基本軟體「iOS」這個平台，才能夠申請並獲得許可。也就是說，應用程式的開發者一定要用適合 Apple 的開發語言進行開發，並且通過 Apple 的審查。

在這一點上，「微信小程序」就不需要向平台提出申請。騰訊將**微信開放給應用程式的開發者作爲平台**，也就是騰訊許可的應用程式都可以在微信上提供。

這說不定會改變智慧型手機至今爲止對應用程式的概念。一直以來，中國爲 Android 智慧型手機提供的應用程式商店都是百家爭鳴。因爲中國沒有 Google，所以也無法使用 Google Play 商店，一直都是百度和騰訊、智慧型手機的製造商等要經營自家的應用程式商店。因此造成應用程式的開發者必須爲多間商店開發應用程式。

在這樣的情況下，堪稱是中國人社群龍頭的微信開放了平台，於是應用程式開發者也都一口氣加入了微信小程序。根據市場調查公司艾媒諮詢（iiMedia Research）的調查報告指出：開放兩年後，商業用微信小程序的開發者就超過了一百五十萬人，光在二〇一七年這一年間，就增加了一百零四萬人的僱用機會（日經 ×TREND〈騰訊的微信小程序，開始後兩年，開發者破一百五十萬人〉（テンセントのミニプログラム、開始後 2 年で開発者 150 万人）二〇一九年一月十六日）。

與過去的智慧型手機應用程式相比，微信小程序的特徵就是沒有專門的商店。使用者如果想要使用應用程式，主要的方法之一就是掃描 QR Code，其中有許多應用程式和**實體店鋪的服務互相連結**，例如餐廳和雜貨店的應用程式等。除了網路上的商業之外，微信小程序也加進了餐廳和雜貨店等線下的商業，對於「新零售」的世界也在持續發生影響。

微信小程序自從開始提供服務以來，MAU 一直成長，到二〇一八年之後，更是急速增長到超過四億人。調查報告指出其中最多人使用的是行動裝置的遊戲，其他還有與生活相關的服務、行動裝置購物、與旅遊相關的服務、工具、金融相關的服務等（參照《QuestMobile Truth 中國移動互聯網資料庫二〇一八年三月》）。

堪稱為新概念的微信小程序取代了 **App Store** 和 **Google Play** 的概念，**擴大了經濟圈**，螞蟻金服和百度等企業也隨後跟進、投入了同樣概念的服務。

騰訊的過人之處在於微信有超過十億使用者。騰訊的策略應該是利用這個社群平台，用更大範圍的服務包圍使用者，進一步掌握平台的霸權。

使用頻率和與顧客的接觸成為勝利條件

能夠掌握社群應用程式的優點多到數不完。顧客會在一天之內重複使用社群應用程式好幾次，因此，**與顧客的接觸就會變得很穩固**。在日本最普及的社群應用程式是 L I N E，大家可以想想使用者一天之內會看畫面多少次、花多少時間在上面。說不定在智慧型手機的應用程式中，使用 L I N E 的頻率之高也是居冠的。**就算是頻繁使用 Amazon 或阿里巴巴電子商務的人，其使用頻率應該也比不上社群應用程式**。

微信小程序便是以社群應用程式為起點提供新服務，並且將這項優點發揮到最大。在CES二〇一九的某個時段，騰訊的管理階層曾對微信小程序提出說明，在說明圖表中，還介紹微信小程序有一部分服務包括 Apple Pay 的應用程式，這也帶來了衝擊效應。

從今以後，世界各國位居社群應用程式龍頭寶座的企業大概都得像騰訊一樣，推出各種服務、朝平台之路邁進吧！

在下一個世代，對於社群應用程式的使用頻率和與顧客的接觸，以及對於該程式的依賴程度勢必將左右下一輪勝負的關鍵。因此，騰訊的動向也很值得關注。

10 阿里巴巴和騰訊在「新零售」上的戰爭

是「新零售」還是「智慧零售」？

阿里巴巴和騰訊在中國國內的戰爭益發激烈。阿里巴巴的事業原本以電子商務爲基礎，騰訊則是從社群網站開始提供服務，但是隨著兩間公司的事業領域都日漸擴大，近年來，兩者的事業項目越來越常發生正面交鋒，像支付寶和微信支付。

相對於阿里巴巴以盒馬展開了「新零售」事業，騰訊也同樣採用了OMO的策略，並且稱其爲「智慧零售」，騰訊在策略上想要加強的六項產業領域中，有一項正是智慧零售。

京東商城在中國的B to C電子商務市場中，擁有第二位的市占率，而騰訊是京東商城的最大股東。二〇一五年京東商城出資與中國的大型連鎖超市「永輝」策略合作，因此獲得永輝一〇%的股份，到了二〇一七年十二月，騰訊也取得了永輝的股份。換句話說，騰訊和

走電子商務路線的京東商城，以及永輝超市構成了緊密的團體關係（GloTech Trends〈在新零售領域，騰訊和阿里巴巴的激烈交鋒!?騰訊也取得零售業大公司永輝超市的股票〉（ニューリテール分野でもテンセントとアリババの激突!? テンセントも小売業界大手の永辉超市の株式取得へ）二〇一七年十二月十三日）。

永輝在二〇一七年一月推出新品牌的 OMO 店鋪「超級物種」，與盒馬廣獲好評的「grocerant」服務出於相同的概念。由此便正式拉開了阿里巴巴的「盒馬」與騰訊「超級物種」的競爭序幕。

而且超級物種並不只限於便利廚房服務，它還有「在方圓三公里內，都可於三十分鐘內免費宅配」「所有商品都附有條碼，可追溯其履歷」等，**各個面向都提供了和盒馬一模一樣的服務**。其實騰訊的公司風格原本就是模仿他們認可公司的做法。

在接受中國著名的經濟記者採訪時，馬化騰說「後發是最穩妥的方式」「騰訊是『模仿者』而非『創新者』」「就算是微軟、Google，做的不都是別人做過的東西嗎?最聰明的方法肯定是學習最佳案例，然後再超越。我不爭第一，沒意義」（《二〇二五年、日中企業的差異》）。

◆AI的裝置已經出現

CES二〇一九第三天的展期一整天都是「高科技零售業」的講座，「熟悉亞洲最新零售動向」的騰訊也派出騰訊和京東商城的管理階層一起登場。美國人司儀在介紹詞中說「現今的**高科技零售世界裡，中國已經走在美國前面了**。我們要從這兩間公司的最新動向中多加學習」。這個場次有播放影片，不過在CES二〇一九，京東商城展示了已經在中國實際上路的宅配用自動駕駛小型車、宅配用的無人機、從進貨到出貨都完全自動化的倉庫、利用區塊鏈追蹤販售商品的技術等，這些成果獲得極大的矚目。當中國之外的企業還在彼此競逐科技時，中國企業已經將技術化爲商用，並且實際應用於社會了。

騰訊在二〇一八年和永輝聯手**出資法國的大型零售商店家樂福**，我們大概理解他們這麼做，是計畫**展開全球性的「智慧零售」**。阿里巴巴和以「超越原創」爲目標的騰訊今後究竟誰勝誰負，還很值得觀察。

最後，騰訊雖然是以社群網站打下的強大顧客基礎作爲背景，並且以B to C事業爲核心，不過隨著政府日益強化的管制遊戲事業，騰訊也以此爲契機，**投入了「騰訊雲」等B to B的事業**。由前文便可以看出，該公司的事業廣及社群網站、金融、智慧零售等各領域，因此**擁有大範圍及大量的大數據**。考量到大數據可以將廣告最適化，因此騰訊在行銷領域上也有很大的發展可能。不論是以法人爲客群的雲端運算服務、或是「大數據×ＡＩ」事業，都值得我們繼續關注。

第四章

Google × 百度

從提供搜尋服務開始擴展事業，目標是在社會裡實現 AI

本章宗旨

第四章將要討論的是搜尋服務的龍頭Google，和中國搜尋服務市占率第一的百度。

Google的開發方針已經從「行動優先」（Mobile - First）轉向「AI優先」。如字面顯示，在大型科技企業中，與AI相關的技術能力非常重要，想以AI語音助理實現智慧城市，或進軍新世代自動駕駛汽車，Google具有相對優勢。從Google的控股公司「字母」（Alphabet）的任務（道）：「讓周遭世界變得更容易使用、更便利」，就很容易理解此事業方向。在分析Google的策略時，Google揭示的「十大信條」「OKR」「正念」也事關重大。

而另一方面，百度則傳出對於行動支付的反應過於遲鈍等負面新聞。百度冀望可以透過包括自動駕駛在內的AI事業，讓公司起死回生、一決勝負。「AI×自動駕駛」是中國政府委交百度的國家策略事業，百度也投入了「阿波羅計畫」，打造自動駕駛平台。CES二〇一九的報告中也提到百度的自動駕駛已經進展到可以實際上路了。這兩間從搜尋服務出發的公司都已日漸擴大事業範圍，現在又在自動駕駛的世界中兵戎相見。

01 Google 的企業實際狀況

以「搜尋公司」起家，擴大到各種事業

可能有些人從來沒用過 Amazon、Apple、Facebook 的產品或服務，不過本書的讀者中，大概沒有人不曾用過 Google 吧！Google 占全世界搜尋市場九成以上的市占率，在由網路串連起來的世界中，大幅度深入了許多人的生活中。

Google 的「本業」是搜尋服務，爲 Google 帶來了大筆的廣告收入，如果觀察 Google 的收益結構，就會發現大半還是來自搜尋服務。這表示 Google 的確符合多數人的印象，是一間「搜尋公司」。不過，近年來 Google 也開展了各種不同的事業，如果我們當眞想知道它的整體面貌，也不能夠遺漏其他的事業。

要了解 Google 的整體面貌，首先要掌握的事實是 Google 在二〇一五年進行了大規模的

組織改革，**成立控股公司「字母」**。現在字母旗下有**Google 和許多實驗性部門，被財報歸類爲「Other Bets」（其他賭注）**。

Google 擁有的事業除了搜尋服務之外，還有 Gmail 和 Google 地圖、YouTube 等，以及網路瀏覽器「Chrome」、智慧型手機的作業系統「Android」、雲端事業等。Other Bets 的部門名字經常和負責**自動駕駛汽車開發計畫**的 Waymo、展開**智慧城市計畫**的 Sidewalk Labs、開發阿爾法圍棋（AlphaGo）的ＡＩ企業 DeepMind 等連結在一起。

本書把字母公司旗下的 Google 和 Other Bets 都視爲廣義的 Google 公司。

◆搜尋服務與廣告

首先要探討的是 Google 的「主軸」：搜尋服務。

Google 的搜尋服務是創辦人賴利．佩吉和謝爾蓋．布林所開發的。此服務的特色是用「佩吉排名」（PageRank，又稱網頁排名）的做法，來提升搜尋的精準度。

當使用者輸入搜尋關鍵字，搜尋服務會從無數的網頁中顯示出哪一些網址，這一點非常重要。Google 採取的方法是根據該網頁的「連結延伸程度」，並將此反映爲搜尋結果。這樣的方法大幅提升了搜尋的精準度。連結比較常被拿來參照的網頁就表示比較重要，這可以說是一種「民主的」方法。**「民主與否」也被視為 Google 的價值觀，一直備受重視**。

Google 是從二〇〇〇年開始用搜尋服務經營廣告事業的。最初是用「AdWords」，也就是配合使用者輸入的檢索詞來顯示相關的廣告連結。Google 會視廣告連結的點擊數向廣告主收取費用。這個 AdWords 現改稱為「Google Ads」。

AdWords 的出現對廣告界帶來很大的衝擊。因為過去能夠刊登廣告的主要媒體大抵不脫電視、報紙、雜誌等大眾媒體。有了 Google 之後，任誰都可以在網路上打廣告了，而且只要看真正的點擊量支付廣告費，可以說真正做到了**「廣告的民主化」**。

◆免費服務和廣告業務的關係

除了搜尋服務之外，Google 還有 Gmail 和地圖等多項服務，甚至還有**智慧型手機作業系統「Android」**，並且在二〇〇六年收購了可以上傳影片的網站**「YouTube」**。

這些服務原則上都是免費提供大眾使用。Google 也會在提供這些服務時顯示廣告、賺取廣告收入，關鍵在於使用者的網頁使用紀錄和ＡＩ。

Google 取得了所有人搜尋和使用 Gmail、地圖的紀錄，如果利用ＡＩ分析這些大數據，就可以配合使用者關心的事項顯示廣告了。

以「AdSense」服務爲例，AdSense 的運作是置入由 Google 播送的廣告，以獲得對價。使用 AdSense 的網站，除了與網站相關的廣告之外，還會顯示**最適合每位使用者的廣告**。此外，在 Android 智慧型手機下載應用程式的畫面上、使用 Gmail 或地圖上出現，以及觀看 YouTube 顯示的所有廣告，基本上也都會出現最適合使用者的內容。

配合檢索詞出現的基本「Google Ads」，和利用使用者的活動資料和 AI 計算出最適當的多樣性廣告共同構成了 Google 商務的核心。**字母公司在二〇一七年的營業額有八五%以上都和廣告有關**。

◆無窮無盡的需求進化和廣告最適化

在思考 Google 的搜尋服務和廣告的關係，以及「大數據×AI」的可能性時，會浮現「進化」這個關鍵詞。

每天「Google 一下」的人應該都會知道，Google 的搜尋服務並不只會針對使用者輸入的檢索詞顯示搜尋結果。在輸入檢索詞的同時，只要輸入前幾個字，後面就會自動跑出可能接的字。而且只要輸入一個檢索詞，就會顯示後面可能接的詞語，用這個方式引導出更符合使用者需求的範圍。這些都是根據過去的紀錄資料而來的，例如同樣字／詞的搜尋紀錄，以及使用者到底點擊過什麼。

和最初的搜尋服務相比，引進了「大數據×AI」的搜尋服務其實在意義上已經不太一樣了。過去的搜尋服務是讓使用者輸入檢索詞，然後顯示用這些關鍵字找到的網站。所以在輸入檢索詞時，使用者就已經非常明確的知道自己的需求，也知道根據這個需求要滿足的目的，依照目的輸入檢索詞之後，使用者就會因此得到搜尋結果，也看到了隨之顯示的廣告。

但是用「大數據×AI」搜尋和顯示廣告時，就算使用者自己尚未完全決定檢索詞，其實也沒有關係，還不只於此，顯示的廣告也可以**符合使用者的潛在需求**、**那些連自己都還沒有明確注意到的欲望**。今後當各位在使用 Google 的搜尋服務時，應該會出現越來越多「自己都還沒有清楚想過，不過的確可以勾起強烈興趣」的廣告。

科技進化之後，可以向使用者提供更加方便的搜尋服務，因此也進一步加深了使用者的需求。與此同時，也可以將 Google 廣告的最適化更加進化（圖 4-1）。

◆與 Apple 不同的「Android」商業模式

如果要理解 Google 的商業模式，就必須掌握 Android 這個智慧型手機的作業系統。

Google 於二〇〇七年開始提供適用於行動裝置的作業系統 Android。到了二〇一七年，

全世界的 Android 使用者已經突破二十億人，在全世界的智慧型手機作業系統中擁有約八五%的市占率（《週刊東洋經濟》二〇一八年十二月二十二日號）。

只看到這個數字，再想想搭載 iOS 的 Apple iPhone 和 App Store 所建構的商業生態圈，可能會有人覺得「Google 當真建構了十分大規模的商業生態圈」。不過，其實 **Google 用 Android 建構起來的商業模式和蘋果的 iOS 不太相同**。

Google 免費提供 Android，主要可以獲得以下兩項好處。

第一項是如果搭載 Android 系統的智慧型手機用戶增加了，配合 Android 提供的 Google 服務也會有更多人使用，這就會**直**

圖4-1

三方面的進化

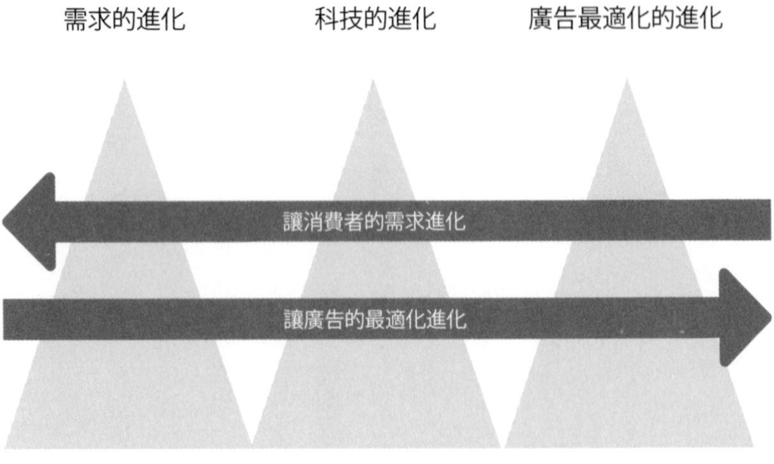
需求的進化
科技的進化
廣告最適化的進化
讓消費者的需求進化
讓廣告的最適化進化

接增加廣告收入。Android 系統中稱為「開放手機聯盟」（Open Handset Alliance, OHA）的作業系統就可以使用 Google 的搜尋、地圖、影視發行等服務。

還有一項，是可以用 Google 經營的應用程式商店**「Google Play」販售內容**。透過 Google Play 販賣的應用程式和應用程式內的收費內容都和 Apple 的 App Store 一樣，要繳交販賣金額的三〇％作為 Google 的手續費。OHA 的標準配備就是搭配 Google Play 使用。

不過，相較於 iOS 使用的應用程式只能夠在 Apple 的 App Store 中購買，為 Android 系統提供的應用程式商店則不只有 Google Play。因此，在販賣應用程式這件事上，Google 並不像 iPhone 那樣建構起強大的商業生態圈。根據分析智慧型手機應用程式的 Sensor Tower 公司所做的調查，在二〇一八上半年，**Google Play 應用程式的下載次數是 App Store 的兩倍以上，但是收益卻只有一半**。理由是因為除了 Google Play 之外，還有其他應用程式的商店、多數搭載 Android 的終端裝置價格都十分便宜、在開發中國家的普及率很高等。

Google 在二〇一〇年退出中國的搜尋產業，也衝擊了 Android 的商務發展。Android 有**「Android Open Source Project」（AOSP）**作業系統：只提供核心的作業系統，智慧型手機可以以此為基礎搭載自己的作業系統，而且這個 AOSP 並沒有輸入 Google 的服務。

因此，在中國這個智慧型手機的超大型市場中，流行的 Android 智慧型手機所搭載的是

AOSP。因爲在中國國內無法使用 Google 服務，會這樣做也是理所當然。也就是說，中國的 Android 智慧型手機既無法使用 Google 搜尋，也無法使用 Google Play。**Google 無法從中國的 Android 智慧型手機獲得任何收益**（《四大 IT 所描繪的未來》）。Google 雖然想要挽回中國市場，也明確表示要檢討在中國重新推出搜尋服務的可能性，但是公司員工卻在二〇一八年十一月展開抗議行動。對於審查深惡痛絕的員工和想要在中國展開事業的管理高層之間，意見產生齟齬。看來要開拓巨大的中國市場，還有幾項難以跨越的障礙必須克服。

◆從行動優先轉向 AI 優先

Google 在二〇一六年表明他們的開發方針將從「行動優先」轉向「AI 優先」。

在幾個大型科技企業中，Google 的 AI 技術算是十分優越。不僅擁有「Google 大腦」這個全世界頂尖的研究機構，而且在二〇一七年，Google 向 AI 國際學會「NIPS」提出的論文數量也超越美國的麻省理工學院，躍居世界第一（《週刊東洋經濟》二〇一八年十二月二十二日號）。

AI 語音助理「Google 助理」是 Google 的 AI 象徵。其概念與 Amazon 的 Alexa 相同，一方面還販售搭載了 Google 助理的智慧喇叭「Google Home」，正式進軍硬體市場。

完全自動駕駛更是充分利用了具有競爭優勢的 AI。Google 於二〇〇九年開始將「自動駕駛」付諸實際應用。自動駕駛車的開發計畫在二〇一六年獨立出來，誕生了字母公司的子公司 **Waymo**。直到二〇一八年二月，實際在公共道路上行駛的實驗距離已達八百萬公里。Google 的車輛搭載了照相機和精確度很高的地圖和 AI，運行的狀態也受到全世界矚目，**在進軍新世代的自動駕駛汽車方面，Google 在大型科技企業中位居領先的地位**。

在這裡，簡單回顧一下 Google 自動駕駛汽車至今爲止的發展。Google 在二〇一〇年十月發表要開發自動駕駛汽車。當時他們明白指出要以所謂「等級四」的完全自動駕駛爲目標。

在二〇一二年三月，Google 於 YouTube 公開了由視障者乘坐運行的測試影片，並且於同年五月在內華達州取得美國第一張自動駕駛汽車的專用執照。

二〇一四年一月，「開放汽車聯盟」（Open Automotive Alliance, OAA）成立，成員有通用汽車、奧迪、本田、現代、輝達等。此計畫是在車上安裝 Android 系統，首先讓 Android 的終端裝置與車上的裝置連線，最後則是希望 Android 成爲車輛本身的作業系統。

到了二〇一六年十二月，一直在進行自動駕駛計畫的研究機構「Google X」終於完成開發，發表將成立 Waymo 公司，重新朝事業化發展。於二〇一八年十二月，Waymo 全世界第一輛商業用自動駕駛計程車首度在美國上路。其實在二〇一八年，許多自動駕駛汽車的製造商和科技企業都公告約在一年內實現自動駕駛的計畫，但是**在發展自動駕駛的計程車作爲商業用途這方面，Google 的確居於領先地位**。

如前文所述，Google 的營業額大部分靠廣告收入，並且以開放平台作爲目標，就像智慧型手機的作業系統 Android。在此基礎之上，Google 如果要實現自動駕駛汽車的事業，要做的應該就是提供硬體吧！

我認爲在自動駕駛汽車事業上，Google 大範圍的開拓作爲開放平台的作業系統，**是爲了增加與顧客的接觸、提供新型的服務，最終增加廣告收入**。

02 Google的五因子分析

以「道」「天」「地」「將」「法」所做的策略分析

接下來要以Google的「道」「天」「地」「將」「法」來掌握公司的整體面貌。請參照圖4-2。

◆Google的「道」

Google認爲自己的任務在於**「匯整全球資訊，供大衆使用，使人人受惠」**。而控股公司「字母」揭示的任務則是「讓周遭世界變得更容易使用、更便利」。

對於以搜尋服務起家的Google而言，前述任務應該永遠不會改變。Google所「匯整」的當然不限於網站資訊。Google的地圖和街景匯整了全世界的都市地圖和景象；Gmail匯整

圖4-2

以五因子方法分析「Google的整體策略」

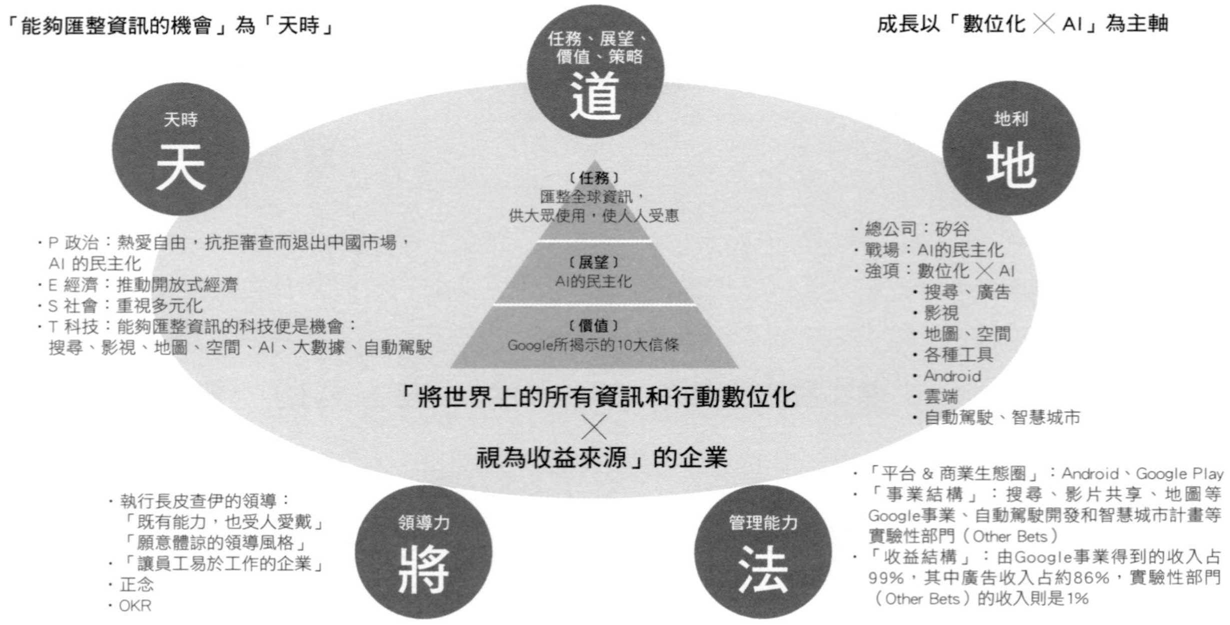
「能夠匯整資訊的機會」為「天時」
成長以「數位化 ╳ AI」為主軸
任務、展望、價值、策略
道
天時
天
地利
地
〔任務〕
匯整全球資訊，
供大眾使用，使人人受惠
〔展望〕
AI的民主化
〔價值〕
Google所揭示的10大信條
・P 政治：熱愛自由，抗拒審查而退出中國市場，AI 的民主化
・E 經濟：推動開放式經濟
・S 社會：重視多元化
・T 科技：能夠匯整資訊的科技便是機會：搜尋、影視、地圖、空間、AI、大數據、自動駕駛
・總公司：矽谷
・戰場：AI的民主化
・強項：數位化 ╳ AI
・搜尋、廣告
・影視
・地圖、空間
・各種工具
・Android
・雲端
・自動駕駛、智慧城市
「將世界上的所有資訊和行動數位化
╳
視為收益來源」的企業
・執行長皮查伊的領導：
「既有能力，也受人愛戴」
「願意體諒的領導風格」
・「讓員工易於工作的企業」
・正念
・OKR
領導力
將
管理能力
法
・「平台 & 商業生態圈」：Android、Google Play
・「事業結構」：搜尋、影片共享、地圖等Google事業、自動駕駛開發和智慧城市計畫等實驗性部門（Other Bets）
・「收益結構」：由Google事業得到的收入占99%，其中廣告收入占約86%，實驗性部門（Other Bets）的收入則是1%

了電子郵件；Google 圖書的服務則想匯整書籍的內容。匯整這些資訊的最終目標是讓所有人都可以輕易取得，便於使用。要能夠匯整，並且提供這樣多元的資訊，也是因爲對使用者顯示廣告的機會增加了。對 Google 來說，**「資訊的匯整」與廣告業務是一體的兩面**。

不過，如果只從匯整資訊和廣告業務作爲切入點，勢必無法完全理解 Google 的任務。我認爲 Google 如果要實現這個任務的眞正意涵，應該要將**任務進化到超出字面所示的範圍**。

舉例來說，依據「行動優先」的方針提供 Android，也可以看作是「匯整全球資訊，供大衆使用，使人人受惠」任務的進化。因爲 Android 也提升了顧客的體驗，讓顧客隨時都可以用行動裝置取得 Google 匯整的資訊。

而 Google 的「AI 優先」方針是以實現自動駕駛和智慧城市爲目標，也是要塑造、實現一個可以比較自然而方便「匯整全球資訊，供大衆使用，使人人受惠」的世界。

舉例來說，如果達成自動駕駛，人們就可以把駕駛的事交給汽車，那麼人坐在汽車裡做的事情就改變了。有了由 AI 控制、不需要人類駕駛的汽車空間，人就可以自由的度過時間。

這裡所謂的「自由度過」包括有想知道的事情，可以詢問 AI 助理；有想聽的音樂，可以請 AI 助理播放，或是視需要自行運用資訊。

自動駕駛汽車和智慧城市想要達成的世界觀就是 Google 進化後的任務，也與字母公司的**「讓周遭世界變得更容易使用、更便利」互相連結**（圖4-3）。

◆Google 的「天」

Google 的「天」便是能夠匯整全球資訊、供大眾使用、使人人受惠的機會。

現在ＡＩ的發達正可以說是 Google 的「天」。方針「從行動優先到ＡＩ優先」的轉變過程中，也可以明確看出 Google 認為投入ＡＩ才是該公司能夠達成任務的重要做法。

至今為止，Google 以無數先進的技術持續取得成長，但是另一方面，**在雲**

圖4-3

Google 的任務進化

匯整全球資訊，供大眾使用，使人人受惠

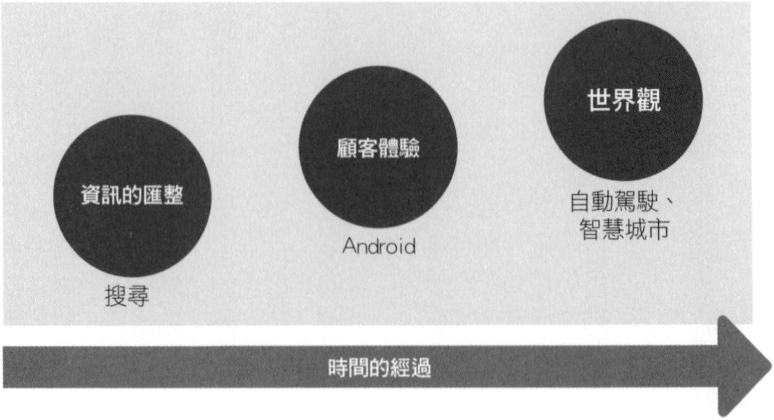

端運算和企業版圖等領域，又被其他公司追趕上。例如 Google 現在雖然也投入雲端事業，不過要做到與 Amazon AWS 並駕齊驅，還是花了一些時間。

除此之外，Google 的龐大收益絕大部分來自廣告收入，這除了表示 Google 的廣告業務具有優勢，也顯示 **Google 並未發展除了廣告業務之外的其他收益支柱**。

除了這些背景之外，Google 決定投入ＡＩ，也是因爲認爲這是「讓 Google 變身爲科技公司」必不可少的一步。例如 Google 的ＡＩ軟體「阿爾法圍棋」在二〇一七年五月和人類圍棋冠軍對決取得全勝，掀起了話題。阿爾法圍棋奠基於機器學習技術「TensorFlow」，這項技術是開放給公眾的公開資源。Google 爲了建構起一個商業生態圈，希望提供自己的商品給更多的開發者使用。

Google 還積極**開發ＡＩ用的半導體**，這點也很值得注意。贏過世界圍棋冠軍的阿爾法圍棋也搭載了 Google 開發的半導體。自行開發半導體通常需要好幾年的時間，不過 Google **從設計到應用卻只花了一年**。這大概也是因爲公司加速轉變爲以「ＡＩ優先」的結果。

當然，近來我們身邊 Google 的ＡＩ使用者已經開始活躍了。許多搭載ＡＩ的產品已經上市，例如ＡＩ喇叭 Google Home、視訊通話應用程式 Google Duo 等，因此，今後勢必也將有更多種類的ＡＩ產品問市吧！

◆Google 的「地」

如果要用一句話來總結 Google 的事業，那就是「將世界中數量龐大的資訊和交流內容、行動等數位化，並建構成能夠以廣告收入產生收益的商業模式和平台」。

Google 的**產業範圍已經擴大到甚至難以掌握全貌**。既然字母公司的任務是「讓周遭世界變得更容易使用、更便利」，想當然耳，會利用自己公司的 AI 等技術，漸漸發展出「容易使用、便利」的東西。

舉例來說，前文也曾稍微提及字母公司旗下的 Sidewalk Labs 展開了智慧城市計畫，在此說明。

未來的馬路不像現在鋪上混凝土、有固定用途。只要開關一按，就可以在不同的時間帶更改道路的用途和照明。

在早上交通尖峰時段當作公車專用道，或許在白天的其他時段，變身爲兒童的遊樂場。在禮拜一供通勤之用的腳踏車道，或許禮拜天當成農作物販賣市集。道路應該是一種時刻變化、充滿彈性的空間，絕對不是有著巨大交通流量、思慮不周、危險的行車場所。這就是

Sidewalk Labs 的想法（WIRED〈Google 創造的未來都市，道路能彈性「變化」〉（グーグルがつくる未来都市では、道路が柔軟に『変化』する）二〇一八年八月二十一日）。

由這個計畫中，就可以看出 Google 事業領域遍布的範圍之廣。

◆Google 的「將」

Google 的共同創辦人之一、前任執行長佩吉，對現任執行長桑德爾．皮查伊（Sundar Pichai）可說是寄予全部的信賴，分析皮查伊就等同解讀現今 Google 的「將」。

首先看看皮查伊的經歷。他一九七二年生於印度。父親經營一間零件的組合工廠，不過在他十二歲之前，家裡窮到連電話都沒有。皮查伊非常優秀，在印度理工學院取得工程學學位，又獲得獎學金進入史丹佛大學。但因爲他畢業前就在半導體製造商謀得了職位，因此沒有完成史丹佛大學的學業。其後他又取得 MBA 學位，在管理諮詢公司麥肯錫累積了一些經驗。

皮查伊於二〇〇四年加入 Google 公司。他的活躍有目共睹，年輕時就已經統籌了 Google Chrome 和 Android、Chrome 作業系統等主要產業。據說 Google 開發自己的瀏覽器就是他的想法。而且因爲他**「既懂商務又懂技術」**，在公司內外都享有很高的評價。皮查伊的性格和其他大型科技企業的經營者有著相當大的差異。大家眼中的他是一個很友善的人，「不喜與人爭奪，認爲協調至上」「和團隊成員講話時也多能體諒，不吝予以支援」。簡而言之，皮查伊除了能力不容置疑之外，也具有受人愛戴的個性。

Google 希望打造出一間讓員工樂於工作、也易於工作的公司，Google 所任命的執行長也符合這個理念。

圖4- 4

Google的「任務×事業結構×收益結構」

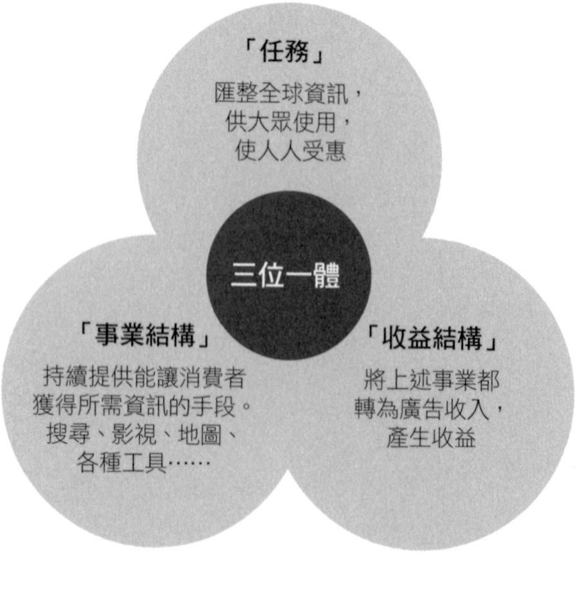
「任務」
匯整全球資訊，
供大眾使用，
使人人受惠
三位一體
「事業結構」
持續提供能讓消費者
獲得所需資訊的手段。
搜尋、影視、地圖、
各種工具……
「收益結構」
將上述事業都
轉為廣告收入，
產生收益

◆Google的「法」

Google的「法」，也就是事業結構和收益結構，與任務互相結合，可以用「任務×事業結構×收益結構」三位一體來加以理解（圖4-4）。

讓我們再重複一次，Google的任務是「匯整全球資訊，供大眾使用，使人人受惠」。爲了達成這個任務的基礎便是，讓事業結構提供許多「能夠爲消費者提供所需資訊的手段」，例如搜尋服務、影視共享服務、地圖服務等。而且透過這些服務**將所有資訊數位化，以廣告商務的模式獲取收益**。

可以用二〇一七年度的實際業績來觀察具體的收益結構。字母公司的營業額是一千一百零九億美元，其中Google的營業額便占了九九%（一千零九十七億美元）。在Google的營業額中，與廣告相關的營業額爲九百五十四億美元（約爲八六%）。其他項目的營業額則是十二億美元（一%）。

03 由「Google 揭示的十大信條」定義自身存在價值

——強大的泉源①

由行動方針決定「希望成為什麼樣的存在」

如果要了解 Google 這間公司如何建構起現今的地位、今後又希望成爲怎樣的存在，就必須檢視該公司所揭示的「十大信條」。以下內容引用自 Google 的網站。

1. 以使用者為先，一切水到渠成。
2. 專心將一件事做到盡善盡美。
3. 越快越好。
4. 網路上也講民主。
5. 資訊需求無所不在。

6. 賺錢不必為惡。
7. 資訊無涯。
8. 資訊需求無國界。
9. 認真不在穿著。
10. 精益求精。

Google的「十大信條」是在公司成立幾年之後制定的。Google會「經常回頭審視這張清單，看看這十大信條是否經得起時間的考驗」，也會「繼續堅持初衷，不辜負大衆的期望」。從經營學看來，這「十大信條」就是所有Google員工的行動方針。以下將逐一探討**Google對於各項目的具體說明**，試著思考Google強大的泉源從何而來。

1. 以使用者為先，一切水到渠成。

Google針對這項「信條」的說明是「自創立以來，Google始終專注於爲使用者提供最佳服務」「無論是設計新的網際網路瀏覽器，還是爲首頁換上新面貌」「我們都確保一切作爲都能夠滿足使用者的需求，而非謀求公司自身的目標或利益」。

的確，Google 首頁的介面簡約俐落，不像其他的入口網站到處顯示廣告。這是因為他們很重視讓使用者在使用時感到夠清楚，而且配合搜尋結果顯示的 Google 廣告也會清楚標示為廣告，顯示方式也盡量簡單，不會在使用者檢視搜尋結果時造成阻礙。如果把這個「信條」和 Google 的實際狀況放在一起看，就會知道 Google 當真是優先考量使用者的企業。

2. 專心將一件事做到盡善盡美。

Google 宣稱這個「信條」代表 Google 要「擁有全球最龐大的研究陣容，致力解決各種與搜尋技術有關的問題」「在致力提升搜尋服務品質的同時，也將所學應用在 Gmail 和 Google 地圖等新產品上」「希望能將強大的搜尋功能運用在未曾探索過的領域，並協助使用者找到更多日益豐富的實用資訊」。如前文所述，Google 已經將搜尋這個「本業」發展到極致，接著將朝向下一階段「大數據×AI」邁進，一方面要讓使用者的需求進化，還要提高廣告的最適化，**甚至做到能夠回應潛在的需求**。

3. 越快越好。

具體來說，這個「信條」是不要讓使用者等待、浪費使用者寶貴的時間。Google 搜尋服務的目標是讓使用者「在遇到問題時」「透過網路迅速找到解答」，Google 很自豪於**「世界上大概只有 Google 敢說自己的目標是讓使用者盡快離開我們的網頁」**。Google 也說他們「推出每樣新產品時，都非常講求速度」。

從與使用者多交流的觀點來看，一般公司都會希望使用者停留在自己官網上的時間越長越好。但是 Google 即使在這件事情上，也是考量貫徹以使用者爲優先。Google 的搜尋服務能夠獲得使用者的支持、建構起今天的地位，從該公司這樣的態度就可見一斑。

4. 網路上也講民主。

前文曾提到，Google 的搜尋採用了所謂「佩吉排名」的方式，搜尋結果重視「連結延伸的程度」。Google 說明網頁的排名會**「詮釋網頁間排名的『投票』，分析出哪一個網站被其他網頁票選爲最佳資訊來源」**，因爲「只要新網站增加，資訊來源和投票數也增加」，所以網路規模越增加，這樣的做法就會產生更精確的結果。在說明佩吉排名時，曾提及「積極開發開放原始碼軟體，集結衆多程式設計人員的努力和創意，不斷推出各種創新產品」。

在說明佩吉排名的演算法時，用了「投票」這個詞，而且還積極的開發開放原始碼軟體，顯見 Google 的企業文化十分重視「民主主義」。Google 的目標是**用網路「爲每一個人

帶來力量」。

5. 資訊需求無所不在。

這個「信條」顯示「世界變動的腳步飛快，每個人都希望資訊唾手可得」，而 Google 公司的 Android「不僅造福了無數消費者，讓他們擁有更多選擇，並能享受創新的行動服務，還爲電信業者、製造商與開發人員開拓了無數獲利商機」。雖然 Google 的方針從行動優先轉向 A I 優先，但是 Google 對於行動裝置的重視今後仍將持續下去。

6. 賺錢不必為惡。

這個「信條」清楚顯示了 Google 這間企業的姿態。Google 是一間營利企業，也清楚表示 Google 會以廣告獲得收益，但是「除非廣告與搜尋字詞息息相關」，否則不會出現在搜尋結果的網頁中，刊登的廣告也都會「清楚標示贊助商連結」，Google「絕對不會操控搜尋排名，將夥伴放在較高的搜尋結果位置」。既然**「使用者信任 Google 的客觀性，我們絕不會短視近利而破壞這份信任」**。這樣的姿態不僅受到使用者的喜愛，從提高廣告最適化的觀點來看，對於 Google 也是有利的。

7. 資訊無涯。

Google言明公司的任務是要投入「資訊的匯整」。除了網站的搜尋功能之外，還要挑戰搜尋「新聞存檔、專利、學術期刊、數十億張圖片和數百萬本書籍」，並宣示今後將會「繼續研究如何將世界上所有的資訊提供給有需要的人，滿足大衆求知的欲望」。當然，將全世界的所有資訊和個人的行動數據化，也有助於「大數據×ＡＩ」讓搜尋服務發生變化，能進一步提高Google的競爭優勢。

8. 資訊需求無國界。

Google「放眼全球用戶，希望能讓各種語言的使用者存取所需資訊」。實際上，**「搜尋結果中，也有超過半數是服務美國境外的使用者」**。Google雖然在二〇一〇年退出中國市場，不過最近又出現了是否要重新進軍中國市場的討論，這在今後也十分值得注意。

9. 認真不在穿著。

關於這個「信條」，是因爲Google的共同創辦人認爲「工作需有挑戰性，而挑戰會帶來樂趣」，Google 的員工「集合了來自不同背景，活力充沛、熱情洋溢的有志者，在工作、玩樂與生活當中處處可見創意」「我們的工作氛圍也許輕鬆愜意，但其實正是在排隊等咖啡的過程中、小組會議上，或在健身房內，新的想法創意不斷湧現，並以驚人的速度走完溝通、測試，繼而付諸實現的流程」。衆所周知，Google 十分重視自律性和多元性。這不只是出於對員工的尊重，公司也認爲這是**可以持續帶來創新的理想做法**。

10. 精益求精。

Google「始終懷有雄心壯志與宏遠目標」，而且知道「唯有朝著這些目標邁進，才能精益求精，走得更遠」，就是**「這股對於現狀永不滿足的精神，化爲公司一切努力背後的驅策動力」**。Google 能夠一直持續創新的祕密關鍵就在於此。

前文詳細討論了十大信條，尤其是第九和第十項的「信條」是相對具體的重點。Google 到底如何維持創新？本書將繼續以「OKR」和「正念」來解讀。

04 Google開發能力的祕密「OKR」

——強大的泉源②

「有助於促進各種組織發展的簡單流程」

我認爲Google能夠一再創新，是因爲「OKR」發揮了作用，幫助他們實現大膽的展望和充滿雄心的目標。

Google的共同創辦人、同時也是字母公司的執行長佩吉曾在《OKR：做最重要的事》中這樣描述OKR。

「OKR是一套簡單的流程，有助於促進各種組織的發展」

「對領導人來說，OKR大幅提高組織的透明度，也提供一種有效的反駁方法，例如你可以問：『爲什麼用戶幾乎沒辦法立即將影片上傳YouTube？這項目標，不是比你下一季希望實現的那項目標更重要嗎？』」

「OKR一次又一次幫助我們，實現十倍的成長。拜OKR所賜，我們瘋狂大膽的任務『組織全世界的資訊』，甚至有可能達成」

OKR是「目標」（Objectives）和「關鍵結果」（Key Results）的首字母英文縮寫，過去約翰．杜爾（John Doerr）在對佩吉等 Google 員工講解OKR時，說明這是**「一套管理方法，有助於確保公司聚焦，集中處理組織整體裡重要的議題」**。

杜爾解釋OKR所謂的目標是「重要、具體和行動導向的，最好還能激勵人心」，關鍵結果則會「界定目標的標準，並且監控我們『如何』達成」，它要「有時限，是進取但又可行的」「最重要的是，它們是可測量也可驗證的」。

例如現任的 Google 執行長皮查伊回顧在開發「Google Chrome」時，便說過這是他野心勃勃的設定目標，「第一次見識到OKR蘊藏的威力」。

Chrome 面臨的艱難狀況是要在已經定型的瀏覽器市場中，從零開始加入戰場，他們在第一年（二〇〇八年）設定的目標是「Chrome 的一週活躍用戶數達到二千萬人」。據說皮查伊認爲這個目標「根本辦不到」。不過，雖然目標最終並未達成，但是在二〇〇九年卻設定了另一項更艱難的ＯＫＲ：一週活躍用戶數達到五千萬。而實際上達到了三千八百萬人，在二〇一〇年又設定了一億一千一百萬人的目標。到了該年的第三季，一週活躍用戶數終於達到一億一千一百萬人，目標大功告成。到了今天，Chrome的規模更是成長到光是行動裝置的一週活躍用戶數就超過十億人。（《ＯＫＲ：做最重要的事》）

從這些實際的例子看來，ＯＫＲ並不只是目標管理制度，而是**用來實現野心勃勃目標的手段**。

Google的專務執行董事行銷總監岩村水樹在他所寫的《聰明工作》（ワーク・スマート）一書中，對於ＯＫＲ的描述是：

「Google會設定全公司的ＯＫＲ，由員工共有，各部門也會設定各自的ＯＫＲ。」

「ＯＫＲ的一大長處是工作的優先順位會變得很清楚，而且全公司都知道達成度的評價為何，因此也有提高透明度的效果。」

「要利用ＯＫＲ促進創新，很重要的一點是設定較高的目標。ＯＫＲ所設定的目標要高於可以實現的目標。有時候甚至會設定在幾乎不可能達成的高標準。如果是事先就知道可以達成的目標，就沒有任何挑戰和成長的空間了。」

我認爲ＯＫＲ的本質就是要**「複製賈伯斯和貝佐斯這類天才創業家的方法」**。

05 Google 價值觀的象徵「正念」

——強大的泉源③

「搜尋內在自我」

「正念」稱得上是 Google 的象徵，而且這是**其他大型科技企業中無法找到的要素**。可能有許多人一聽到正念，就會聯想到冥想吧！

不過，正念不只是禪修世界的冥想，近幾年來因爲壓力所引起的疾病，也會用正念作爲對應方式，因此正念被引進了醫療等現場。在 Google 的員工進修課程中，也有採用正念作爲提高 EQ（情緒商數）的課程內容，這個課程的名稱是「搜尋內在自我」（Search Inside Yourself, SIY）。

陳一鳴原本是 Google 的員工，也是 SIY 的創辦人，在他所寫的《搜尋你內心的關鍵字》一書中，介紹了「搜尋內在自我」的三個階段：

1. 專注力訓練

專注力是所有高階思維與情緒能力的基礎。因此，任何訓練EQ的課程都必須從專注力訓練開始，用意就在於訓練專注力以培養既平靜又澄澈的心靈特質，這樣的心靈特質形成了EQ的基礎。

2. 擁有自知之明與自主性

利用你訓練過的專注力，來創造高解析度的覺察力，以覺知自己思維與情緒的過程。具備了這點，你就能夠極清明的觀察自己的思想流向與情緒的變化，並客觀的用第三者的角度來觀看。一旦你可以做到，就能建立深刻的自知之明，最終能夠完全自主。

3. 培養有用的心理習慣

想像不論何時遇到何人，你習慣、本能的第一個念頭是：我希望這個人快樂。擁有這個心理習慣可以改變職場的每一件事。因爲這份眞誠的善意會不知不覺感染別人，你也營造出信任，能夠促成高生產力的合作。這樣的心性，可以靠意志力來訓練。

專注力訓練就是正念中所謂的：集中於「現下、此處」，把雜念放開。而自知之明和自主就是全然接受眼前的事物，試著以第三者的視點來觀看自己。實踐正念意即培養同理、體諒他人的心，也就是「培養有用的心理習慣」。

稍微了解ＳＩＹ的概要，就可以知道 Google 重視的東西和要推廣的世界觀是什麼了。Google 對於領導人的要求是「除了有能力之外，還要受到人們的愛戴」，這也是出於正念的想法而自然而然產生的要求。

而現任執行長皮查伊正是能夠體現出這種領導人形象的人物，因此證明了 **Google 所提的正念並不只是口頭宣稱而已**。

06 百度的企業實際狀況

雖然在中國的搜尋市場一枝獨秀……

最後要討論的是中國規模最大的搜尋企業百度。該公司有「中國的 Google」之稱，除了「百度搜索」「百度地圖」「百度翻譯」的服務，影視串流服務「愛奇藝」也是眾所周知。

如前文所述，Google 不願意接受中國政府的審查，所以在二〇一〇年退出了中國市場。在**沒有 Google 的中國搜尋市場中，就只有百度一枝獨秀**。根據網站流量分析工具 StatCounter Global Stats 提供的數據顯示，百度在中國搜尋服務市場中的市占率大概在七〇到八〇%之間游移，而在全世界的搜尋市場中，百度是僅次於 Google 的大企業。

不過，百度除了常常被說成**「只是複製 Google 的搜尋服務」**之外，後續展開的事業也和 Google 十分類似。

百度二〇一九年三月八日的市價總值是五百七十一億美元。騰訊、阿里巴巴的市價總值則分別是四千兩百零八億美元和四千五百三十七億美元。至少以**股票市場的評價來看，百度遠遠落在BATH的兩家上市公司之後**。

近年來，百度對於行動支付等金融服務的回應不夠迅速、合作的共乘公司Uber退出中國市場、管理階層的加入或退出過於頻繁、不當的廣告事件等負面新聞接連爆發。這些就大概說明了百度何以在股票市場的評價和業績表現有這些落差。

◆百度的AI產業

被百度冀望可以起死回生、一決勝負的便是**包括自動駕駛在內的AI產業**。

百度在二〇一四年四月發表了「百度大腦」。這是爲了要讓搜尋的使用者更方便使用，而用電腦建立起人工神經網路，用多層次的學習模型和大量機器學習來分析和預測資訊。

在二〇一六年九月，深度學習平台「飛槳」（PaddlePaddle）宣布開放原始碼，規畫要引進世界級的AI工程師。

二〇一七年一月，百度發表了**AI語音助理「DuerOS」**，DuerOS集合了百度當時發展的AI技術之大成。DuerOS是根據「在人類生活中加入AI」這個概念，將百度擁有的AI技術對外開放。使用**DuerOS**的時候，只要出聲講話，AI語音助理就可以在短時間內打開智慧型裝置。也就是說，**DuerOS**是「百度版的Amazon Alexa」。

百度現在的AI產業體系可以整理爲圖4-5。

以至今爲止發展的「百度大腦」和「百度雲」運算（兩者皆是網站後端的AI技術）爲基礎，在策略上推出的網站前端AI技術便是AI語音助理「DuerOS」，以及**自動駕駛平台「阿波羅」**。

圖4-5

百度的 AI 產業體系

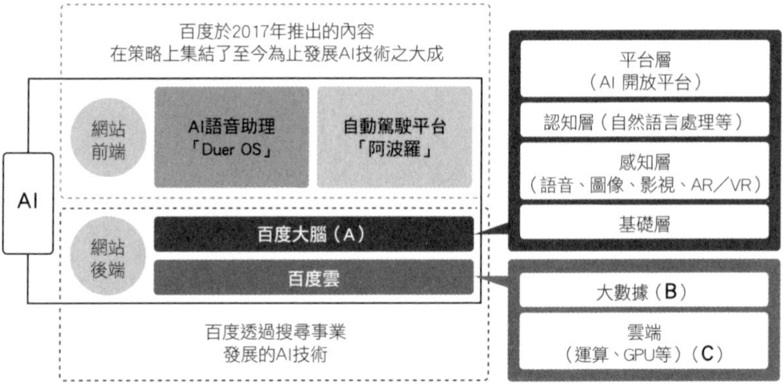

出處：根據2017年7月的百度AI開發者大會資料，由作者製圖

◆百度投入自動駕駛

中國在以《國家新一代人工智能開放創新平台》爲名的計畫中，宣稱「二〇三〇年，中國要在ＡＩ的理論、技術與應用總體達到世界領先水準」。有四間企業受到國家的委託推動ＡＩ，其中**自動駕駛事業就交給了百度**。

百度的自動駕駛平台取名爲「阿波羅」，這個名字是受到美國「阿波羅計畫」的啓發（「阿波羅計畫」是一項載人的太空飛行計畫，當初它賭上了美國的威望，最終也取得成功）。

阿波羅將百度擁有的自動駕駛技術作爲開放性資源對外公開，讓各種事業夥伴都能夠分別建構各自的自動駕駛系統。阿波羅於二〇一七年四月發表，**在僅僅半年之後，就有中國內外大約一千七百個合作夥伴參與這個計畫**。其中包括戴姆勒（Daimler）和福特等汽車製造商、博世（Bosch）與德國馬牌（又名大陸集團，Continental）等大型零部件供應商、掌握了自動駕駛心臟部位的ＡＩ半導體製造商輝達和英特爾等，也就是包含了**各環節的主要角色**。

如果要分析百度的策略，就必須確實觀察ＡＩ語音助理「DuerOS」的具體發展和自動駕駛平台「阿波羅」的可能性。關於這些內容，將於後文詳述。

07 百度的五因子分析

以「道」「天」「地」「將」「法」所做的策略分析

在嘗試掌握百度的幾個元素時，我們也是用「道」「天」「地」「將」「法」來進行分析。

◆百度的「道」

自從百度於二〇〇五年在美國的納斯達克交易所上市之後，長期以來都高舉如下任務。

「百度是一間以科技立基的媒體企業，我們的目標是要爲人們在搜尋時提供最佳且最公平的方法。我們提供了許多頻道，好讓使用者獲得資訊和服務。除了爲使用網路搜尋的個別使用者提供服務之外，我們所提供的平台也能夠讓企業接觸到潛在客戶。」

圖4-6

以五因子方法分析「百度的整體策略」

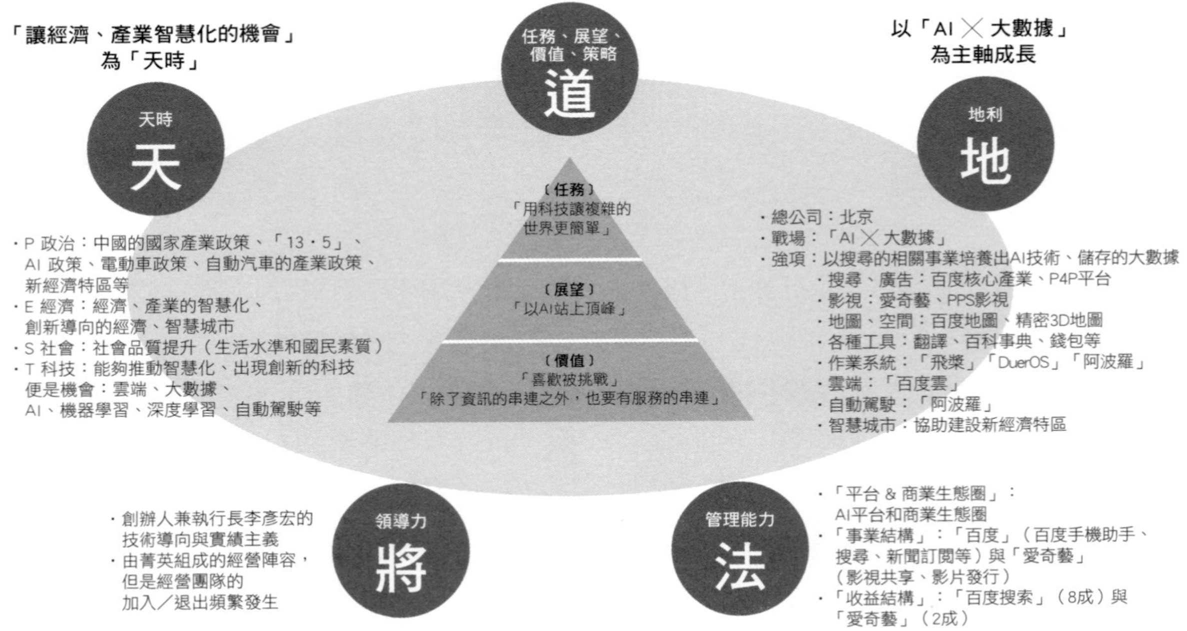
「讓經濟、產業智慧化的機會」
為「天時」
天時
天
・P 政治：中國的國家產業政策、「13・5」、AI 政策、電動車政策、自動汽車的產業政策、新經濟特區等
・E 經濟：經濟、產業的智慧化、創新導向的經濟、智慧城市
・S 社會：社會品質提升（生活水準和國民素質）
・T 科技：能夠推動智慧化、出現創新的科技便是機會：雲端、大數據、AI、機器學習、深度學習、自動駕駛等
任務、展望、價值、策略
道
〔任務〕
「用科技讓複雜的世界更簡單」
〔展望〕
「以AI站上頂峰」
〔價值〕
「喜歡被挑戰」
「除了資訊的串連之外，也要有服務的串連」
以「AI ╳ 大數據」
為主軸成長
地利
地
・總公司：北京
・戰場：「AI ╳ 大數據」
・強項：以搜尋的相關事業培養出AI技術、儲存的大數據
・搜尋、廣告：百度核心產業、P4P平台
・影視：愛奇藝、PPS影視
・地圖、空間：百度地圖、精密3D地圖
・各種工具：翻譯、百科事典、錢包等
・作業系統：「飛槳」「DuerOS」「阿波羅」
・雲端：「百度雲」
・自動駕駛：「阿波羅」
・智慧城市：協助建設新經濟特區
領導力
將
・創辦人兼執行長李彥宏的技術導向與實績主義
・由菁英組成的經營陣容，但是經營團隊的加入／退出頻繁發生
管理能力
法
・「平台 & 商業生態圈」：AI平台和商業生態圈
・「事業結構」：「百度」（百度手機助手、搜尋、新聞訂閱等）與「愛奇藝」（影視共享、影片發行）
・「收益結構」：「百度搜索」（8成）與「愛奇藝」（2成）

這裡說的是百度的「本業」：搜尋服務。

不過從二〇一七年六月開始，百度的任務改變了。新任務說「百度要用科技讓複雜的世界更簡單」。改變以後的任務明顯著眼於比搜尋服務更高的層次。不過**從這個任務中，其實很難了解百度的具體目標是什麼**。

從 Google 的事業中就可以看出 Google 當眞是以「匯整全球資訊，供大衆使用，使人人受惠」爲任務。這個任務並不只是 Google 表面上的信念，而是內化成 Google 的企業 DNA 了。

而另一方面，在觀察百度的事業時，我很難感受到他們是否認眞實踐「讓複雜的世界更簡單」的任務。百度的員工之間是否當眞認定此爲重要的任務、而且共享這個任務，其實令人存疑。

老實說，我認爲百度**面臨到目前的瓶頸，一個重大原因就是公司並不清楚自己的任務爲何**。

百度還有另外一項任務是「以AI站上頂峰」。爲了要起死回生，投入AI產業的確是當前一個明確的方針。

◆百度的「天」

百度的「天」如果用任務來解讀，應該是指「用科技讓複雜的世界變簡單」的機會，但是複雜的世界到底意指為何，卻未必能夠提出明確的定義。如果考慮到百度現在投入了ＡＩ產業，而且也符合中國國家政策的方向性，那麼百度的「天」就是「讓經濟、產業智慧化的機會」。不論是搜尋服務中緊追在 Google 之後的「大數據×ＡＩ」，或是在實現國家支援的自動駕駛時各項科技的進步，都是百度的絕佳機會。

◆百度的「地」

百度也和 Google 一樣，透過搜尋服務蒐集了數量龐大的大數據。百度

圖4-7
百度的成長循環

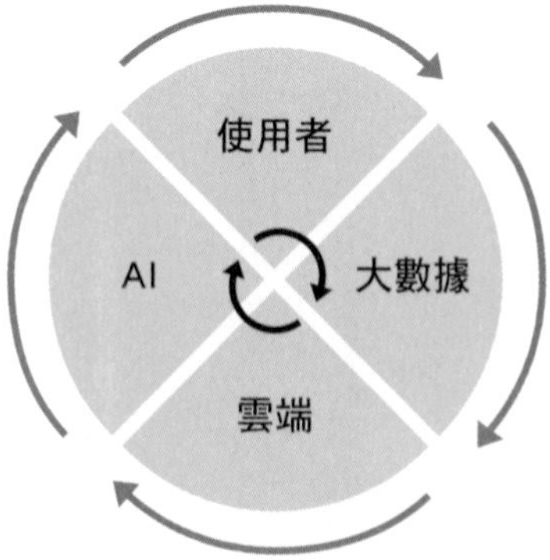

出處：根據2018年5月「百度雲ABC Summit 2018 Inspire智慧物聯網大會」的資料，由作者製圖

的策略精髓就是把這些儲存的資料放在雲端用AI分析，爲每一位使用者挑選並提供最適合的服務。

百度會像圖4-7那樣不斷循環，以「AI×大數據」爲主軸力求成長。

◆百度的「將」

百度的創辦人、董事長兼執行長李彥宏是北京大學的信息管理學士，後赴紐約州立大學水牛城分校取得電腦科學碩士學位。他曾經在道瓊公司和搜尋引擎公司 Infoseek 等任職，最後創立了百度。據說百度的創立是受到他妻子的鼓動。當初李彥宏在矽谷過著安定的生活，是妻子極力對他說「你是IT領域的頂尖專家。不應該僅止於此，你應該獨立創業」（《中國新興企業的眞面目》）。

從李彥宏的經歷中，我們可以了解到一件事，**與其說他是專業的經營者，其實他更偏向優秀的技術人員**。百度比阿里巴巴和騰訊早一步在矽谷成立AI研究所，並且宣告要在三年內培養十萬名AI工程師。技術人員出身的李彥宏果然偏向採用以技術經營的姿態，例如投入研究開發，將技術視爲經營的基礎。在過去的訪問中，李彥宏曾經這麼說：

「百度還有一個文化是『Enjoy being challenged』，喜歡被挑戰。有時候大家理解為Enjoy challenge others。不是，我們並不是鼓勵你去挑戰別人，是鼓勵別人挑戰你，或者說我作為一個個體，我特別喜歡別人來說我不同意。越被挑戰，你自己的想法就會越完善，出錯的機率就會越低。策略班跟我的工作關係也是這樣的。如果他跟我講，我會挑戰他。如果我跟他講，他也會挑戰我。最後我們經過辯論形成一個共識。」（網站 groo〈李彥宏與八十位中國房地產公司萬科員工熱烈談及百度與 Google 的不同〉（ロビンリー〈李彦宏〉が万科メンバー80人を相手に熱く語る百度と Google の違い）二〇一五年二月二十七日）

雖然有人認為百度只看實際績效，是菁英取向的企業，不過從這番發言中，也可以看出百度絕對不只於此，如果沒有相符的實力，百度也不可能走到現在。

與美中的其他大型科技企業相比，分析工程師出身的李彥宏擔任經營者**還是比較偏向科技取向，對於商務、生產、顧客體驗的敏銳度比較低**。他的這種特質也導致了百度無法提出公司根本的任務究竟為何。

◆百度的「法」

百度的事業結構可以整理爲發展搜尋服務的「百度」，和提供影視串流服務的「愛奇藝」。在其他產業方面，百度還投入了雲端和自動駕駛。「百度」除了搜尋服務「百度搜索」和「百度手機助手」之外，還有線上百科全書「百度百科」、問答服務「百度知道」、支付應用程式「百度錢包」、「百度地圖」、AI語音助理「DuerOS」等。

《二〇一七年年報》顯示百度二〇一七年的營業額爲一百三十億美元，營業利潤則是二十四億美元。營業額中有大約八〇%來自百度的核心事業：搜尋；約二〇%來自影視串流服務「愛奇藝」。最近「愛奇藝」的業績有很明顯的成長，不過百度還是偏向搜尋服務的公司。

08 以「DuerOS」形成商業生態圈，再邁向智慧城市

概念為「讓人們的生活中加入ＡＩ」

ＡＩ語音助理讓我們只需要向搭載的揚聲器「講話」，就可以依指令執行各種工作。「只需要講話」就可以閱讀新聞、訂購挑選好的東西、播放音樂、了解天氣狀況、把房間裡的冷氣打開。從方便性和顧客體驗的觀點來看，ＡＩ語音助理這樣的介面當然是非常好的。

前文介紹的「Amazon Alexa」是第一個出現在市面上的ＡＩ語音助理，而百度的「DuerOS」也具有同樣概念。

DuerOS的概念是「讓人們的生活中加入ＡＩ」，只需要透過智慧型裝置用自然語言「講話」，就可以提供各種功能。百度也和 Amazon 一樣，將 DuerOS 向第三方公開，取得夥伴開發的裝置、內容和服務等，**形成商業生態圈**。

在ＣＥＳ二〇一八中，百度也以ＡＩ語音助理「DuerOS」的攤位參展。會中展示了中國的小度在家智慧型機器人「小魚在家」、美國Sengled的燈飾喇叭、日本的popIn Aladdin投影機搭載的智慧型照明燈等，還有許多配備有「DuerOS」的物聯網家電，都讓我留下鮮明的記憶。百度自己製造的智慧型喇叭「Raven H」、智慧型機器人「Raven R」的考究設計也讓人印象深刻。現在還在開發階段的ＡＩ家庭機器人「Raven Q」具備人臉識別功能，而且可以和自動駕駛平台「阿波羅」互相連結。當然這些都是「只需要講話」就可以操作的ＡＩ語音助理。

而在一年後的ＣＥＳ二〇一九，百度的展示重點並不是向消費者誇示他們在應用程式方面的進步，而是強調**DuerOS這個對開發者開放的平台所取得的成長**。

漸漸形成大型的商業生態圈

這些配備有DuerOS的智慧型裝置相當於搭載了Amazon Alexa的「Amazon Echo」。既然Amazon Echo可以成爲智慧家庭的平台，**配備了DuerOS的智慧型裝置也可以滿足生活中的各種需求**。狹義的DuerOS是指基本軟體，目的是爲了開發擁有ＡＩ助理功能（「只需要講話」就能夠操作）的智慧型裝置或是解決方案。只要裝置上有麥克風和喇叭，再裝上 DuerOS 之後，就可以變成智慧型裝置了。

讓我們說明的更具體一點。首先，如果開發者想要開發具有ＡＩ語音助理功能的裝置，他可以依照百度公開的 DuerOS 參考設計（百度針對想要開發ＡＩ產品的夥伴公開的設計圖）和開發工具。利用這種做法，他就可以用百度的ＡＩ將開發的裝置智慧化了。

至今爲止，百度透過搜尋事業發展出來的ＡＩ技術包括演算法和表徵學習（feature learning），以及網頁資料、搜尋資料、圖像、影視、定位資訊等大數據和影像處理等計算能力。靠著這些累積，百度的ＡＩ已經具備語音辨識、圖形辨識、自然語言處理和存取使用者的檔案數據等四項基本功能。這些ＡＩ技術才是 DuerOS 的核心。

開發者是用「Skill」（命令）將內容和服務連結到開發的智慧型裝置。「Skill」是指對智慧型裝置下的命令，或是爲使用者提供的功能。使用「Skill」便可以執行ＡＩ語音助理服務，例如觀賞電影、聆聽音樂、進行搜尋和購買午餐。

隨著開發者的數量增加、「Skill」越來越多，DuerOS 的功能也隨之擴張。直到二〇一九年二月，DuerOS 商業生態圈所擁有的「Skill」組合橫跨了十個領域，數量達到兩百種以上。

其實裝有「DuerOS」的智慧型裝置很多，包括：喇叭、電視、冰箱、熱水器、空氣清淨機、電燈、玩具、洗衣機、吸塵器、飯鍋、冷氣、機器人、立體音響、遙控器、門鎖、窗簾、時鐘、汽車、行動裝置等，不勝枚舉。

這些智慧型裝置牽涉到人們生活中的各個層面，也實現了「智慧家庭」和「智慧汽車」。今後還會有更多外部夥伴提供各種內容和服務，繼續形成更大型的商業生態圈吧！

與各地方政府合作建設智慧城市

除此之外，安裝了DuerOS的家電和汽車、物聯網產品等智慧型裝置還有助於實現「智慧城市」。

百度於二〇一七年十二月和中國河北省的雄安新區政府達成協議，要在策略上合作完成**「人工智能城市計畫」**，將AI技術用於都市計畫和建設。

雄安新區是新成立的經濟特區，被中國政府當作推動成長的引擎，一直持續建設。百度與該區政府協議，決定將雄安新區建設成智慧城市，因此強調在自動駕駛和公共交通、教育、安全、醫療保健、環境保護和支付等各個領域都要利用AI技術。此外，百度也預定與河北省保定、安徽省蕪湖、重慶、上海等各地政府合作，利用AI技術建設智慧城市。

這些智慧城市中，當然會盡全力應用百度的ＡＩ技術。ＡＩ將深入每個人生活中的各個角落，生活上的各種需求也都會由ＡＩ來滿足。

中國以國家政策全面支持ＡＩ產業，並且宣示要在二〇二〇年之前打造大約四兆五千萬台幣的ＡＩ市場，再過十年之後，則要達到十倍約四十五兆台幣的ＡＩ市場。ＡＩ有助於創造低碳社會、打造利於居住的城市，實現人與自然的共生，因此也可以解決中國社會的問題。在這個意義下，可以說**智慧城市會在中國的經濟、社會政策中發揮重要的功能**。

百度將 DuerOS 定位成智慧汽車和智慧家庭、智慧城市的基本軟體，想要打造可以納入整體生活服務的商業生態圈。

而另一方面，在ＡＩ語音助理市場中居於龍頭地位的 Amazon Alexa 擁有「Amazon Echo」這個絕對優勢的智慧家庭平台。安裝了 Amazon Alexa 的智慧裝置有兩萬種以上，它的「Skill」語音指令組合據說也有六萬種。

百度的「DuerOS」有辦法挑戰具有壓倒性優勢的「Amazon Alexa 經濟圈」嗎？在美中新冷戰的布局中，世界已經分裂，不論是美國或中國企業，要攻進對方陣營、取得勝利的關鍵，或許都已非掌握在企業自己手上了。

09 全世界第一間讓自動駕駛汽車上路的公司

受中國政府委以「AI×自動駕駛」的國家政策

中國政府在二〇一七年將國家政策中「AI×自動駕駛」的事業委託給百度。在百度投入的AI事業中，自動駕駛也具有非常重要的定位。

以下整理出**百度的自動駕駛至今爲止的發展，以及目前的情況**。

其實百度在二〇一三年就已經和汽車製造商合作投入自動駕駛了。除了完全自動駕駛不可或缺的精密3D地圖之外，也在進行其他與自動駕駛相關的技術開發，包括本地化（車輛的定位）、感應、行動預測、行駛計畫、行駛的智慧控制等。

百度在二〇一五年底成立了「自動駕駛事業部」，也在北京周圍進行自動駕駛的原型車公路測試，並且因爲投入自動駕駛的研究開發和測試，而在二〇一六年四月於美國矽谷設立據點。接著又在八月，用「五大」中國汽車製造商之一的奇瑞汽車所製造的電動車當作自動駕駛的測試車輛。九月更進一步獲准在美國加州進行自動駕駛汽車的上路測試，並且於十一月在中國展出十八台自動駕駛汽車，也做了示範駕駛。到了二〇一七年三月，又申請在北京市海淀區三個地點的道路上進行八輛車的自動駕駛測試。

隨之在二〇一七年四月，百度憑著用「中國AI王者」之姿發展出來的AI、搜尋服務累積的大數據、精密3D地圖的知識，再加上感應等自動駕駛技術，蓄勢待發的**展開了自動駕駛平台「阿波羅」**。

阿波羅提供了「AI×自動駕駛」技術的平台，讓百度把自己擁有的AI技術和大數據、自動駕駛技術向夥伴公開，由雙方共享，讓夥伴可以在短時間內建構自己的自動駕駛系統。這麼做的**目的是希望有更多夥伴加入，讓百度的「阿波羅」成爲自動駕駛汽車世界中的平台和商業生態圈**。

百度在二〇一七年四月宣布「阿波羅計畫」之後，在七月發表了「Apollo 一．〇」，九月有「Apollo 一．五」，即以階段性公開了自動駕駛平台的技術，在二〇一八年又有「Apollo 二．〇」，當時**自動駕駛技術已經幾乎全部公開化了**。在二〇一八年七月發表的「Apollo 三．〇」提出以低成本量產的解決方案，以及在限定區域內行駛的處理方式。此時，**裝有**

「阿波羅」的汽車已經做到不分晝夜、在單純的都市道路上都可以自動駕駛的程度了。

讓自動駕駛巴士從二〇一八年開始上路

在CES二〇一九中，百度以**「全世界第一間讓自動駕駛汽車上路的公司」**受到矚目。在二〇一八年初，百度發表了預計在該年實際展開讓自動駕駛巴士運行的計畫。爲了說明該計畫，百度除了在CES攤位上播放影片之外，還自豪的發表了「自動駕駛巴士已經在二〇一八年展開商業化經營」「已經在中國全域的二十一個地方進行」，以及「將於二〇一八年七月展開全世界首次的第四級自動駕駛巴士的量化生產」。

日本的汽車製造商和大型零部件供應商都還只停留在概念車的展示，到實際上路之前，還要花上好幾年的時間。即使是Google的Waymo，直到二〇一八年十二月，也只是才剛讓自動駕駛計程車在限定的條件下展開商業化經營。而百度除了在中國的二十一個地方展開運作，甚至還已經量化生產了，所以它被稱做**「讓自動駕駛巴士從二〇一八年開始實際上路的公司」**，也是名符其實。

自動駕駛巴士的路線是事先決定的，從這點來看，要推動巴士上路是比較容易的，從百度的發表內容中，也可以看出該公司決定從自動駕駛巴士開始上路，的確是站在策略上的非常考量。**與自動駕駛汽車的量產和收益化最有關的其實不是汽車製造商，而是中國的科技企業**，這項事實讓我印象深刻。

「阿波羅」帶進了許多夥伴，讓百度的勢力得以急速擴大。自動駕駛巴士也只是百度開出的第一槍，**其最終目標還是要在自用車等領域也成爲第一個實際上路的公司**。阿波羅的優勢就是身爲**國家政策的平台**。在表面上，中國政府的汽車產業政策或ＡＩ產業政策都很強調國際合作和開放的概念。

雖然百度已經是中國國內最大的平台了，但是今後**是否眞的能夠邁向世界**應該還是個豎立在眼前的難題。百度也必須從以科技爲核心，進化到以顧客爲核心。

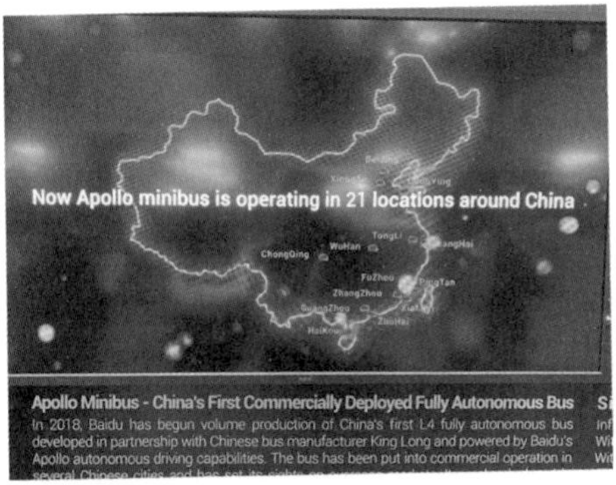

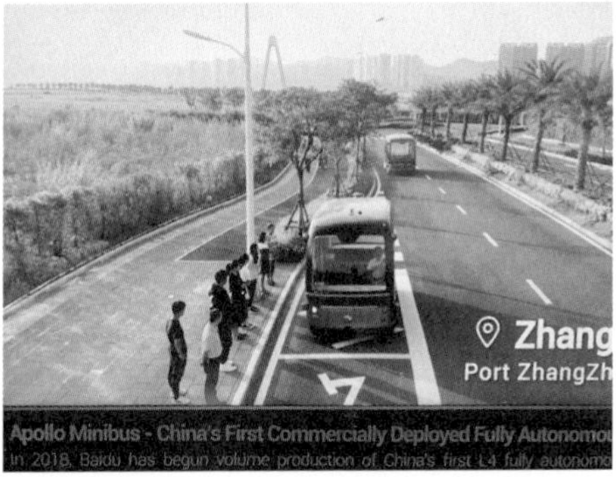

從 2018 年開始，百度的自動駕駛巴士已經在 21 個地方實際上路。目前自動駕駛的進展是「日本製造商推出概念車」「美國科技企業從 2018 年底開始商業化」「中國科技企業從 2018 年開始實際上路」。照片分別為百度在 CES 2019 上的報告（左上、右上、右下），以及作者在北京乘坐自動駕駛巴士的狀況（左下）。皆為作者拍攝。

第五章

GAFA × BATH

總體分析與美中新冷戰

01 以「五因子方法」分析之必要

任務會定義事業，並帶來創新

前文對於八間公司的分析有助於我們看到許多事實。讓我們先來回顧「五因子方法」。首先是**以任務爲核心的「道」和以經營者的領導策略爲核心的「將」兩者的重要性**。在這八間公司中，有六間都是以創辦人爲經營者，即使是其他兩間 Apple 和 Google 的經營者（將）任務感和價值觀也都對企業整體形成重大影響。而公司應該如何存在、應該達成什麼目標，也就是「道」也會對其他因素帶來很大的影響。

道會影響「天」：什麼科技會帶來事業機會。

道也會影響「地」：應該挑選什麼領域展開事業。

道也會影響「將」：應該如何發揮策略力。

道也會影響「法」：要建構何種商務模式和平台。

這裡所謂的道，不只是各個企業明文制定的內容。毋寧說是**各個企業底下，實際重視的任務和價值觀**。

◆八間公司的任務可以分成四類

這八間公司的道可以大致分類成四種類型的目標。

Amazon 的目標是讓**顧客滿意**；Google 和阿里巴巴則是**希望能解決社會問題**；Apple、Facebook、騰訊則是**有志於提供新價值**；百度和華爲則是聚焦於**技術導向**。

用這樣的分類來比較 BAT（百度、阿里巴巴、騰訊），就可以理解爲什麼阿里巴巴一直在建構中國的社會基礎設施，爲什麼騰訊會以通訊應用程式爲基礎創造新的生活服務，爲什麼百度擁有優越的科技，但是市價總值卻比不上其他兩間公司。

◆八間公司的共通點

由八間公司的分析中，可以發現他們的共通點都是想要成立平台、以「大數據×AI」爲目標，**在各自領域的數位轉型中領先**，以及十分重視顧客體驗等。

解讀公司的道，有助於了解各企業的相異點和特色，尤其是理解該公司如何展開事業，以及預測其日後將持續進展到什麼方向。舉例來說，如果是用數位轉型的概念來說明GAFA的任務，那麼 Amazon 就是「讓顧客體驗數位轉型」；Apple 是「以智慧型手機讓生活發生數位轉型」；Google 是「在資訊整理上數位轉型」；而 Facebook 則是「讓連結發生數位轉型」。

◆卓越的任務會帶來創新

這八間大型科技企業有許多地方都因任務而形成了重大的影響，這表示**任務甚至被提高到決定競爭優勢的層次**。這樣的企業其實並不多見。

我認為一間企業如果把任務當成自己的競爭優勢，那麼公司所提供的勢必不只有肉眼所見的「商品」，而是已深植每一名員工的哲學和堅持發展「獨特賣點的商品」，也就是「顧客價值」。而且，自己所提供的「商品、服務」要如何在更好的社會環境中完全發揮作用的使命感和問題意識，也會帶來實際上的創新。如同前文所述，提供有形「商品」的 Apple 特別有助於理解這樣的狀況。

卓越的任務如果成了組織和員工的 DNA，組織和員工就會產生自律的領導力。每一名員工都會自律的對自己發揮領導力，也會對周遭的人發揮領導力，相互發揮領導力、互相合作產生創新。我在用「五因子方法」對 Amazon 詳細分析的著作《亞馬遜二〇二二》中，就曾談到這點，而現在看來，八間公司都具備這項特質。

「任務會定義事業，並帶來創新。」這是本書最強調的分析重點之一。

02 由「ROA圖表」所做的分析

直接表現業種或企業特徵的手法

下文將要分析這八間公司的業種和企業特徵。這裡使用的工具是「ROA圖表」（總資產額報酬率）。這個圖表以營業利益率為縱軸，橫軸則是總資產週轉率，企業接受諮詢時，常會先用這個手法來分析公司體質。這個技巧之所以受到重視，就在於它是「定量×定性」的分析，以及「收益結構×事業結構」分析的交集。ROA圖表本身是**財務分析的定量分析**，不過我還放入了包括收益結構和事業結構等企業的經營策略結果，因此**也可以說是定性分析的工具**。而且ROA是「總資產額報酬率」，可以呈現投入的資產能獲得多少利益，反映出效率性和收益性。一般而言，ROA就是用「當期淨利潤÷資產總額」算出來的。

圖表5-2的**橫軸是總資產週轉率＝「資產在一年之間可以被轉化成銷售額多少次」**。這個

數值是用「銷售額 ÷ 資產總額」算出來的，顯示的是資產能夠有效利用的程度。一般來說，貿易公司和零售業等銷售或銷售代理商類型業種的總資產週轉率會比較高，而鋼鐵、金屬、化學等重型化學工業則比較低。這在同業之間大概都是如此。

以日本的長照業界爲例，在總資產週轉率方面，需要投資設備收費（例如土地和建築物，還有其他有形的固定資產）的老人之家最低，接下來則是到宅服務，居家照護則是最高的。設備越簡單，總資產週轉率就越高，但是報酬率也比較低。

圖表的**縱軸是營業利益率**（「營業

圖5-1
ROA 的思考方式

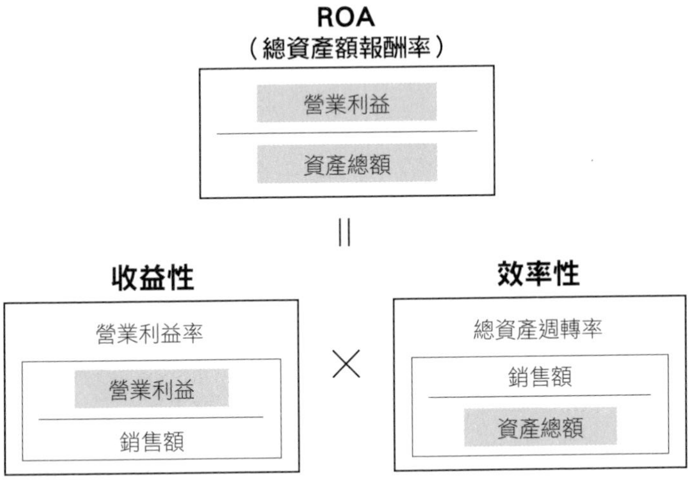

利益」是八間公司的「Operating Income」或「Operating Profit」數值），這是用「營業利益÷銷售額」計算出來的。營業利益率反映出該企業的市場定位和想法。一般來說，生產力的業種和企業也會有比較高的營業利益率。

ROA 一般是用「當期淨利潤÷資產總額」算出來的，不過我認爲用「營業利益÷資產總額」來計算，比較容易掌握實際狀況（營業利益是指經由本業得到的利益）。如果ROA是「營業利益÷資產總額」，那麼就如圖 5-1 所示，可以把這個式子分解成「總資產週轉率（銷售額÷資產總額）」×「營業利益率（營業利益÷銷售額）」，ROA 圖表就可以圖像化了。

◆關注總資產週轉率

下文將使用「ROA 圖表」分析這八間公司。請參見圖 5-2。

首先用橫軸的總資產週轉率來看這八間公司。值得注意的是**三間中國企業 BAT 的總資產週轉率相對而言是比較低的**。從資產負債表的分析中可以看出來，這是因爲將累積事業成果而成的資本，更積極的轉移到新投資上了。除了 Amazon 之外，美國的其他三間公司（Facebook、Google、Apple）的總資產週轉率整體而言也偏低，這也是出於同樣的原因。

圖5-2

以「ROA 圖表」分析 GAFA 和 BATH

「ROA圖表」之繪圖

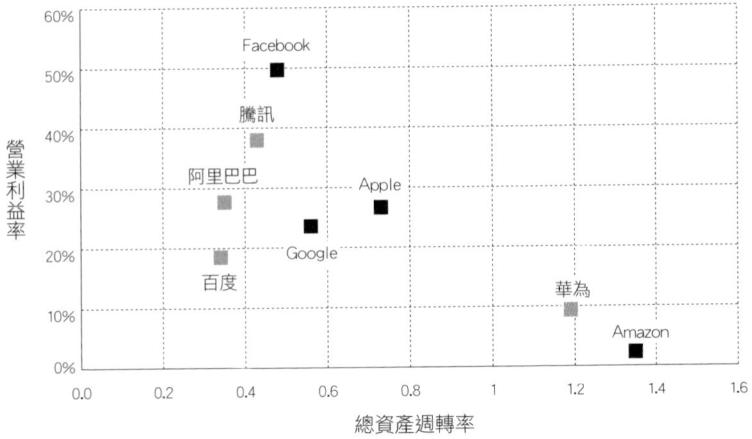

「ROA圖表」之製表

	總資產週轉率	營業利益率	ROA（總資產額報酬率）
Amazon	1.35	2.31%	3.13%
Google	0.56	23.59%	13.25%
Facebook	0.48	49.70%	23.90%
Apple	0.73	26.69%	16.34%
阿里巴巴	0.35	27.70%	9.67%
百度	0.34	18.49%	6.23%
騰訊	0.43	37.98%	16.28%
華為	1.19	9.34%	11.16%

出處：根據各間公司的下列資料，由作者製圖
Amazon：2017年12月決算財務報表／Google：2017年12月決算財務報表／Facebook：2017年12月決算財務報表／Apple：2018年9月決算財務資料／阿里巴巴：2018年3月決算財務資料／百度：2017年12月決算財務資料／騰訊：2017年12月決算財務資料／華為：2017年12月決算財務資料

從圖表中，可以讀出**中國的 BAT 會比較積極的把資本投入新投資中**。

在八間公司中，Amazon 的總資產週轉率是最高的，因爲該公司還有零售企業的一面。阿里巴巴給人的印象也是走同樣的商務路線，但是兩者在圖中的位置卻截然不同，這是因爲阿里巴巴還負責中國的社會基礎設施，對更多產業都有投資，也就是說，**阿里巴巴的實際內容已經不是零售業**了，這一點從數字上也得到了證明。雖然阿里巴巴的收益還是依賴電子商務和零售，不過它同時也進一步投資了中國的未來。

在八間公司中，華爲給人的製造業印象是最強烈的。如果這個印象是對的，那麼華爲應該居於最左邊的位置。但是它卻和做「零售」的 Amazon 在差不多的位置，這點令人感到很意外。這固然代表這間製造商在經營時有盡量提高生產性和效率性，但或許也是因爲它以得自公司外部的知識展開事業，也並不認爲需要在資產負債表上列出無益的投資。華爲在美中貿易戰居於十分重要的位置，這樣的分析結果著實令人感到有趣。

◆關注營業利益率

接著讓我們來看看營業利益率。除了在八間公司中總資產週轉率自成一格的 Amazon 和華爲之外，其他六間公司的營業利益率高低也很值得重視。

其中以 **Facebook 四九．七%的高營業利益率**尤其令人驚訝。最主要的原因是該公司在展開事業時專注於數位世界，建構了可以獲得高收益的基礎，而且以「連結」的任務爲核心，其他事業則一概不投資，確保以本業獲得最高的收益率。

Apple 一般給人收益率很高的印象，但是**騰訊和阿里巴巴的收益率還在 Apple 之上**，這點也很讓人吃驚。而且騰訊和阿里巴巴的事業分布範圍很廣，原本很高的本業收益率被稀釋，但是結果仍然如此。我們不能夠忽略騰訊和阿里巴巴都擁有穩固的本業利益，因此能夠積極投資創新。

Amazon 的營業利益率比較低是出自經營者的意思。衆所周知，Amazon 的執行長貝佐斯表明自己比起短期的利益，更看重的是長期的成長和現金流。

華爲的營業利益率比較低，是因爲財務報表上顯示 R&D（研究開發）的費用占了營業額約一五%，及營運費用約占四九%。重視 R&D 的經營策略會投入營業費用，其結果就是壓縮到營業利益。

以ROA圖表對八間公司做整體綜合分析

企業分析中的重要定性分析包括事業領域是屬於**「產品型態或平台型態」「產品型態或基礎設施型態」「以實體爲核心或以數位爲核心」**等。尤其前兩者是很重要的。因爲如果要建構平台或基礎設施，就必須投入大量的成本和時間，但是成功之後也會有巨額的回報。這樣的挑戰或許必須在短期內犧牲企業整體的收益性。

但是如果考量到中長期的成長性，這樣的挑戰便是不可或缺，而且一旦將事業結構建構成平台或基礎設施，就可以同時滿足安定性和收益性。

如果能夠得到具高收益性的產品，而且集中發展這項產品，在短期內的確可以維持高收益。但是如果只緊抓著該項產品不放，就很有可能會損及中長期的成長性和安定性。在觀察美中的八間大型科技企業時，這種觀點是十分重要的。

接下來，本書會以之前的五因子方法的分析爲基礎，再用ROA圖表做更進一步的深入分析，**更明確的探討企業在實際上的樣態**。

◆Amazon

Amazon 的經營策略就像執行長貝佐斯公開表示的，不會把利益拿出來，而是投入現金流投資，這種財務策略很明確的反映在 ROA 圖表中的位置。如果 Amazon 的會計收益增加之後拿來分紅，這表示它的成長蒙上了陰影，也就是應該判斷爲「賣出信號」。

◆Facebook

在美國的科技企業中，Facebook 相對而言特別專注在「連結」這個事業領域中，並且擁有極高的收益率，同時也可以看出 Facebook 相對來說，很積極的在進行新領域的投資。該公司的特徵是除了 AI 之外，對於 VR／AR 也有策略的投資，如果這些投資都修成正果，**或許 Facebook 就會成爲 VR／AR 的平台了**。

◆Apple

Apple 位於 ROA 圖表的中央，這表示其有各種選擇。在另一方面，也表示比起投資新項目，Apple 的經營方式更重視眼前的業績和股價。Apple 只關注幾項有限的產品，這是它擁有高收益的重要原因，也因此帶來了「Apple 衝擊」的重大影響。或許**接下來就是前述在醫療保健領域的破壞性創新了**。

◆Google

由 ROA 圖表中可以看出，Google 從擁有高收益的廣告事業**本業出發，對各項事業進行投資**。Google 的任務「匯整資訊」爲公司帶來了穩固的現金流。而控股公司「字母」的任務「讓周遭世界變得更容易使用、更便利」今後也有望帶來現金流。

◆百度

百度在 BAT 中算是收益性和市價總值比較低的，由 ROA 圖表中，反映出它**藉著投資 AI，在 AI 語音助理和自動駕駛兩個領域上起死回生**。未來的觀察重點在於百度是否能夠從以技術爲核心的經營，轉型成利用技術創造出顧客價値的經營方式。他們要推動的應該不是更進一步的數位化，而是企業整體的變身。

◆阿里巴巴

從ROA圖表中，可以看出阿里巴巴接受了中國政府的豐厚支援，要建構中國的社會基礎設施。而在另一方面，阿里巴巴的創辦人馬雲發表退休聲明，同時馬雲的共產黨員身分也曝光，因此阿里巴巴日後勢必也將面對中國風險日益明確化的問題。世界日益走向分裂，要如何**將阿里巴巴經濟圈擴大到大中華區之外**，就是下一步的問題了。

◆騰訊

騰訊利用通訊應用程式掌握了與顧客的接觸點，以此將事業領域擴大到各項生活服務中，在ROA圖表中，就反映出與顧客的親密接觸會為騰訊這樣的後進者帶來強大的利益。不過5G時代即將到來，影視和VR／AR都很可能出現新的交流平台，**如果永遠只依賴現在的商業模式，說不定會連事業的根基都被顛覆**。騰訊現在的平台和商業模式「雖然起步較晚，但還是可以利用與顧客的頻繁接觸後來居上」，的確十分強大，不過另一方面也讓人感到有值得深究的部分。

◆華為

華爲完全體現了中國風險，甚至已經**可以說是美中貿易戰的縮影**。如果華爲想要在美國的勢力範圍內發展事業，很可能受到阻礙，也很可能被供應鏈排除在外，因此，重點就是它要如何在自己的地盤上建構供應鏈，也要能夠提供最先進的技術，例如ＡＩ用的半導體等。華爲是未上市企業，也是爲國家推動政策的企業，並不需要擁有高收益，因此應該可以預測**在ＲＯＡ圖表中，它的位置會益發偏向於右下方**。

03

八間公司面臨的強大逆風今後將帶來的影響

應對方式也帶來存亡危機？

至此為止，美中這八間大型科技公司看起來都很順利的在擴大營業內容，但是在二〇一八年春季卻開始發生了變化，遭遇到前所未見的強大逆風。

發生如此強大逆風的原因包括**政治**、**經濟**、**社會**、**技術等外部環境**。不過除此之外，這八間大型科技公司規模日益龐大，也不容忽略**在各自的產業領域中都擁有能夠帶來破壞的影響力**。這些逆風的狀況也有不少是可以預期的，然而有些企業的應對方式說不定反而帶來了存亡危機。

◆管制數據的包圍網

二十一世紀被稱爲「數據時代」，但同時，全球也都掀起了因數據獨占所造成的競爭受阻，以及個人的隱私問題和安全性等亟待解決的問題。歐盟的《一般資料保護規範》可算是比較敏銳的反應，針對美中的大型科技公司架起了管制數據的包圍網。美國爲了維持本國科技企業的競爭力，一直都對管制保持慎重的態度，但是也無法避免對數據做出了某些規定。「數據應該屬於誰」這個倫理問題被提出來之後，**的確有一些機制出現，阻止企業繼續無限制的使用數據**。

◆數位稅

GAFA擁有如此龐大的事業規模，但是實際上的納稅金額卻少得不像話，這點一直深受批判。因爲現行的稅制、法制難以適用，因此從二〇二〇年開始，瞄準GAFA的新「數位稅」在英國開跑，應該可以預期這樣的動態會在歐洲蔓延開來。我認爲舊有的稅制已經趕不上外部的環境變化，**爲了解決課稅的不公平，今後勢必將掀起徹底的稅制改革**。全球也漸漸開始討論事業的執行場所「永久設施」等的定義，因爲那是對外國法人課稅的根據。

◆對於地域經濟的影響

接著，一直有人強烈批評 **GAFA 剝奪了地方的就業機會、造成地域經濟的衰退**。以 Amazon 爲例，「Amazon 效應」這個概念在日本廣爲人知。這個詞彙是指 Amazon 在開展事業時，對各種企業、產業和國家都帶來影響的行爲，也可以指涉造成的影響本身。Amazon 在二〇一七年收購了高級超市全食超市，將事業領域擴展到實體店面，**讓低價化的範圍從電子商務經濟圈，開始擴大到實體經濟圈**，因此，Amazon 效應這個詞的定義也發生了進化。

Amazon 會爲自身據點的所在地帶來大量的僱用人口，但是如果是在 Amazon 展開事業的其他所有地區，就會因爲 Amazon 效應，而破壞了本來應該存在於當地的企業、僱用機會和經濟。這就是美國 **Amazon 效應的本質**。

◆「擴張巨大到連自己都難以控制」

甚至還有創造的平台過於巨大，變得連自己都難以控制的例子出現。最典型的事例就是 Facebook 的不法帳戶問題。不法帳戶不只被拿來發送垃圾和騷擾廣告，甚至還會出現詐欺行爲和散布假新聞。Facebook 運用了 AI 和人力想辦法防堵，但是現在 AI 的水準還難以完全消除不法帳戶。「擴張巨大到連自己都難以控制」的事實，也讓我們感受到**科技時代存在著新的系統性風險（Systematic Risk，由特定組織波及市場全體的風險）**。

◆衝擊 BATH 的中國國內調整

中國的大型科技企業當然也面臨到這股逆風。美中新冷戰對中國的大型科技企業帶來舉足輕重的影響，這自不待言。中國國內也對其大型科技企業展開各項調整。例如因為阿里巴巴推動的支付寶影響力很大，而造成中國金融當局開始規範支付寶。騰訊也因為主要收益來源之一的遊戲事業受到管制，而導致股價下跌。究其所以，在中國式的管制型資本主義中，**各個大型科技企業的存在雖然都很重要，但同時，這些企業也不過都只是讓國家經濟繁榮的手段**。我認為在美中新冷戰打得如火如荼時，阿里巴巴馬雲的共產黨員身分卻被公布，這件事讓人感到**中國政府想要表明在中國，就連當英雄也只不過是一種威脅的「手段」**。

04 如果美中分裂，世界將走向何方？

——新冷戰的本質

今後發展最重要的因素

如果要預測美中大型科技企業今後的發展，最重要的當然是美中新冷戰這個因素。許多知識分子已經指出「世界正在分裂」，一般人也有越來越多的機會感覺到這件事正在發生。Google 的前任執行長艾立克．史密特（Eric Schmidt）於二〇一八年在美國明確預測「網路世界今後將分裂成兩個世界，分別由美國和中國主導」。如果閱讀史密特的原文，就可以明確感受到中國的科技霸權帶來很大的威脅感。

「現在已經不必問美中走向兩極體制的時代是不是會來臨了，而是要問美中走向兩極之後，會出現怎樣的狀況。」這是專長國際關係、中國清華大學的特別教授閻學通在《國外事務報告》（*FOREIGN AFFAIRS*）（二〇一九年一月號）發表的論文，一開頭的語句。尤其是對實際從事商業的我們而言，重要的並不是討論「這是不是新冷戰」，而是思考**「新冷戰可能會以什麼形式展開，對於各種發展又應該提出什麼對策」**。

美中走向兩極分裂之後，世界的樣貌會變成如何？

在全球經濟中，**比起眞實的國境，由供應鏈決定的區域更為重要**，想當然耳同時對政治（Politics）、經濟（Economy）、社會（Society）、技術（Technology）四個領域進行策略分析也是事關重大。這就是所謂的 P E S T 分析手法。

我以「包含軍事和安全保障在內的國力戰」（政治）、「美國式資本主義與中國式資本主義的戰爭」（經濟）、「聚焦於『自由×管制』應有方式的相關價值觀之戰」（社會）、「科技霸權的戰爭」（科技），來分析美中戰爭結構。美中戰爭的貿易戰相較之下有可能在短期內結束，但是安全保障和科技霸權的態勢就勢必變成長期戰爭了。而在另一方面，既然美中兩國在民間層級已經有很深的連結，也沒有進行鎖國，要分裂其實也有相當的困難。**尤其是人與人之間的連結，就算是川普總統也不可能硬生生切斷吧！**

而川普政權的行動過於激烈，不論再怎麼將政府的行為說成是基於安全保障，或強調與軍事相關，在價值觀方面還是無法獲得許多美國年輕人的認同。我於二〇一七年二月至美國出差，基於研究目的參加了「保守政治行動會議」（CPAC，共和黨支持者每年度最大型的會議），川普總統和彭斯副總統等人也在會議中發表了演說。在這次出差中，我深切感受到美國國內對於川普政權的上述反應。而且，在上一次總統選舉的民意調查中，也明確的反映出崇尚多元化的千禧世代多反對川普。

除此之外，川普政權表面上看起來常有突發之舉，歐洲等地也抱持「突然的改變會造成事業風險過大，

圖5-3

由 PEST 分析解讀美中戰爭的結構

PEST與「戰爭結構」	美國	中國
・Politics／政治 包含軍事和安全保障 在內的國力戰	川普的（包括在軍事上） 「強大的美國」	習近平的（包括在軍事上） 「強大的中國」
・Economy／經濟 美國式資本主義與 中國式資本主義的戰爭	美國式、自由市場型態的 「資本主義」	中國式、國家控制型態的 「資本主義」
・Society／社會 聚焦於「自由 × 管制」 應有方式的相關價值觀之戰	從尊重多元性 到對此搖擺不定 但是仍尊重個體性	由控制產生新的秩序 然而個人的價值觀 仍然受到控制
・Technology／技術 科技霸權的戰爭	在技術上享有先驅者利益 而且一部分害怕失去霸權 產生了恐懼	在技術上掌握後進者的利益 但也開始邁上先驅者之路

左：美國總統川普／右：美國副總統彭斯。由作者攝於 CPAC 2017（共和黨支持者的年度最大型會議）。作者在該年也持續觀察國際政治，在連載專欄上分析川普政權的作為。

因此必須考慮迴避」的傾向。《日本經濟新聞》早報在二〇一九年二月二日刊載了這篇報導〈歐洲、伊朗尋求迴避制裁之道／新機構將不須透過美元支付，企業憂慮此風險而裹足〉（欧・イラン、制裁回避手探り／新機関、米ドル介さず決済　企業はリスク恐れ二の足）。

「歐洲為了避開美國，維持與伊朗的核能協議，最終決議建立新架構，以促進伊朗與歐洲的貿易關係。英國等國在一月三十一日宣布將成立新機構，不透過美元進行貿易，思考協助企業迴避美國制裁的機制。但是否有具體實效仍未可知，歐洲與伊朗的關係也遠遠稱不上親密。繞過美國維持核協議一事仍顯得困難重重。」

這篇報導的主題雖然在講伊朗，不過我想為了防備川普政權突然的行動而想建構其他路線以防堵美國的影響力，這樣的動向今後會越來越明顯吧。而且，歐洲包含伊朗事件的反應，針對美國的施政措施而研擬其他對策，也表示歐洲對美國的支持度逐漸消失。

更具有衝擊性的是從二〇一八年開始，**阿里巴巴利用區塊鏈的分散式技術，正式以支付寶跨足跨境的匯款業務**，並且還擴大到菲律賓和巴基斯坦等國家。我不會將這個動作解釋為阿里巴巴在發展其中一項金融企業服務。我觀察到的是，這個動作為今後數十年間將要不斷上演的「分裂世界」的金融篇章拉開了序幕。

至今為止，國際間的匯款都是由美國主導中央集權式的SWIFT（環球銀行金融電信協會）一手包辦。過去的技術認爲國際間的支付以中央集權式來管理比較好。不過，**區塊鏈這種分散式技術也進入了實際使用階段**，阿里巴巴在中國用於電子商務和零售商品的管理，還有展開前述區塊鏈的跨境匯款業務等。

・從美國人重視多元性的觀點來看，無法同意美國政府在美中新冷戰的行動

・美國動作過於突然，導致風險過大，因此其他國家開始討論迴避的趨勢

・而且，最重要的是科技進步本身就是勢不可擋的事實

・倒不如說，限制因素的存在反而形成創新的泉源

圖5-4
「分裂的世界」金融領域

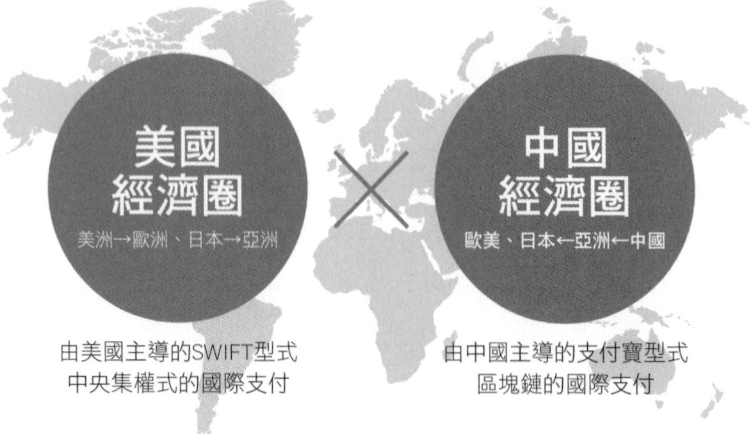
美國
經濟圈
美洲→歐洲、日本→亞洲
中國
經濟圈
歐美、日本←亞洲←中國
由美國主導的SWIFT型式
中央集權式的國際支付
由中國主導的支付寶型式
區塊鏈的國際支付

綜合考慮了上述的想法之後，我預測在「分裂的世界」中，被分出去的東西和留下來的東西應該可以明確二分。

掌握存亡危機的關鍵

美中新冷戰成了對所有商業而言最重要的因素。而對我們來說，這件事是分析情勢和尋求對策的前提要件，**觀察美中大型科技企業的產業本身**才是比較重要的。

從對美中大型科技企業吹起了逆風這個脈絡中，我們可以學到的包括信賴與信用、社會性和可持續性、隱私權的顧慮等。

我參加ＣＥＳ二〇一九時，印象最深的一個場次名爲「區塊鏈與媒體／廣告的未來」。

「區塊鏈在今年將成爲再普通不過的東西。區塊鏈今年將在許多方面進展到實際使用的程度。」這是一起參加小組的麻省理工媒體實驗室的預測。

由媒體／廣告業界成員所組成的小組指出，媒體和廣告過去受到消費者信賴的程度很低，而區塊鏈正是獲得信賴的重要方式。

・即使是廣告，重視隱私權的程度前所未有

・由這樣的考量出發，就會認爲在爲個別消費者量身打造的同時，也要重視每一個消費者的隱私權

・廣告原本就該連接起消費者和企業

雖然廣告原本就應該與科技的進步同步進化，不過也的確可以切身感受到就連在美國，**對消費者權利的顧慮程度也超過以往**。

與前一年相比，CES二〇一九很大的不同點是，講者除了提到數據的重要性之外，也明顯會提到對隱私權的疑慮。如前所述，美國的態度比歐洲推動的《一般資料保護規範》更偏向指出 Facebook 的問題。

不論看起來再怎麼強大的平台，最終都是人在使用，如果失去了使用者，也就是人的信賴和信用，經營事業的企業勢必面臨存亡的危機。

數據的獨占會帶來阻礙競爭、個人隱私權、安全性的問題。而出現了「數據屬於誰」的倫理問題時，應該就表示其社會性和事業的持續可能性要受到檢視了吧！

如果有任何一間美中大型科技企業面臨到實際存亡的危機，並不是因爲大國的政策，而

是因爲得不到顧客和社會的支持。這是我的預測。

從「數據屬於誰」的論點來說，在美中大型科技企業所提供的服務中，我們有相當高的比例是使用「免費服務」。相對的，我們也因此提供了「個資」，雖然這些個資有其價值存在，但我們還是「免費的提供了個資」。將「數據屬於誰」這句話換句話說，就是**「數據應該如何被利用」，這並不只是國家或大型科技企業的問題，而是我們每一個人的問題。**

最後，讓我們來談論網路安全的問題。我曾經於二〇一七年三月前往以色列，以色列是近年來受到矚目的技術大國，我以該國國家招聘的領導人計畫的團長身分前往。一般預測以色列的軍事技術基礎先於他國，早一步遍及地上和空中、宇宙、網路領域，他們在網路安全的領域也確保了凌駕在美國之上的位置。我停留在以色列的期間，與政府機關、研究機構、大學、民間企業等都開了會。

其中，我想在此提出、也與本章最有關的是，我去聽了由最高階研發機構魏茨曼科學研究所（Weizmann Institute of Science）舉辦的阿迪・薩莫爾（Adi Shamir）博士的特別講座。薩莫爾博士是網路安全性的代表性技術「RSA 加密演算法」的研發者之一。當我在探尋以色列下個世代受到矚目的技術時，薩莫爾博士這麼對我說：

「自動駕駛的車輛可以高速通過沒有交通號誌的一般路口，而不像過去的高速公路那樣，需要立體的交流道。在自動駕駛技術實際上路之後，說不定高速公路就不需要交流道了。而在所有自動駕駛的相關領域中，綜合了位置資訊技術×AI×物聯網等，網路安全都是今後最受矚目的項目。」

所有最先進科技的發展與網路安全都是一體的兩面。我們有必要認識隨著科技的進步而產生的安全性問題。

除此之外，我在以色列的時候，經常聽到大家說「把今天當作人生的最後一天，竭盡全力好好過」的人生觀。以色列經歷了離散和迫害的長年歷史，失去了許多友邦，即使到了今天，周圍也依然環伺著政治和宗教、信仰各異的國家，充斥著危機感和緊張感。以色列人經常提到「從零到一」，也有許多創業家經常把「任何人的出生都是爲了帶來一些什麼」掛在嘴邊。我深刻體驗到，以色列這樣重視從零到一創造力的背景，是因爲人們身處於不知道什麼時候會發生什麼事的危機感中，他們具有強烈的欲望，經常希望能創造出什麼。我在結論〈GAFA×BATH時代所帶來的啓示〉，尤其是最後一點「策略的要義」中探討了這重要的訊息。

結語

GAFA × BATH 時代

所帶來的啟示

重新設定尋求的目標

我在前一章中提到了對美中大型科技企業吹起的逆風。或許有些讀者會認爲這八間公司的威脅性減少了，而覺得比較安心，但事情其實沒有這麼簡單。

本章以「GAFA×BATH 時代所帶來的啓示」作爲標題，內容著眼於我們必須立刻改變，也希望喚起讀者注意的事，也就是現在美中的大型科技企業感到志得意滿，我們也認爲是重大課題的**數位轉型的目標設定**。

讓我們用無現金化作爲例子來說明。被稱做「無人」便利商店的 Amazon Go 就是美國無現金化商店的代表。如前所述，Amazon Go 的目的並不是要提高 Amazon 這間企業的生產力，或是當作彌補結構上人手不足的對策。它的目的是要提供「很快就可以離開」、快速而便利的良好顧客體驗。

在中國也已經開始使用「只需要拿出來就好」的自動販賣機。只要掃一下支付寶或微信支付的 QR Code，再打開自動販賣機的門，拿出想要的東西，購物和支付就都完成了，這種方法和 Amazon Go 的「很快可以離開」享有同樣的快捷。

相較於此，近年來超商雖然也常見到「無人櫃台」的結帳設備，但是消費者還是需要在機器的畫面上按好幾下。畫面上會出現「是否需要購物袋→支付工具爲何（例如：交通票卡）→何間支付公司……」等，消費者需要觸控畫面好幾次。這樣的話，應該就有不少人覺得「乾脆找有店員的店比較省事」，因此對無人商店避而遠之。雖然可以將無人櫃台理解成是公司爲了提高企業的生產力和解決結構上人手不足的問題，但是在流程上要求消費者操作時必須一再觸控畫面，這樣的服務不是顯然有待加強嗎？

二〇二〇年將會在東京舉辦奧林匹克運動會和身心障礙者奧林匹克運動會，到時候會有許多習慣了「很快可以離開」「只需要拿出來就好」的外國人來臨，如果讓他們使用這樣的「無人櫃台」會發生什麼事呢？他們會不會覺得服務精神欠缺了體諒和誠懇待客的心意呢？

◆我們一直沒有看到的東西

現在我們必須要很認眞的問自己這個問題：**我們是不是失去了體諒和誠懇待客的心呢？**如果在開發產品時抱著體諒和誠懇待客的心，那麼「無人櫃台」應該也同樣要有讓消費者方便使用的心意才是。而且由於成本的問題，可以引進「無人櫃台」的企業本來就只限於大型企業。因此，無法用這種方式經營的其他中小型零售業，可以拿來一決勝負的正是我們本來就引以爲傲，但是卻不斷流失的體諒和誠懇待客的心意。

Amazon 在進軍實體店鋪的同時，整合了線上和線下，還活用 VR 大幅降低了前往店鋪的必要性，此時的中小型零售業今後勢必要重新探索店鋪本身以及工作者的存在意義。在近期的將來，Amazon 或許會以顧客服務，例如對富人階層提供的禮賓服務等作爲發展方向之一，但是很難想像他們會對一般消費者展開什麼服務。正因爲如此，中小型零售業**得重新定義在店鋪和人之中，找到生存下來的核心對策**。

隨著網路和數位化的進展，人與人之間的實際連結也弱化了。有越來越多人覺得購買線上商品雖然方便，但是網路的說明少了人際的互動，變得很無趣。想與人連結，希望輕鬆找人諮詢，渴望聽到由專家提供的專門說明，這類希望獲得專家的專業度，以及與專業者建立信賴關係的需求應該會益發提升。我想**專業度和信賴感就是店鋪或人能夠存留到最後、最重要的遺產吧！**

◆察覺和行動

另一方面，如果店鋪始終以過往的方式經營，很難生存下去也是顯而易見的。今後的關鍵在於到底要怎麼找出只有實體店鋪才能夠提供的體驗。

舉例來說，書店的自我定義應該從「賣書的店鋪」轉型成「提供資訊的場所」。除了以書為主軸之外，還可以用文章、影片、圖像，以及能夠透過五感的真實體驗，提供樂趣、豐富性、變化和人與人之間的連結。

對於顧客的要求做到超越AI的水準，由在現場工作的員工盡早、正確的察覺，並且以人類特有的細膩、卓越的行動加以對應，或許才是更重要的事。發揮原本引以為傲的美德：**察覺和行動**，應該能夠找到中小型零售業的活路。

上文提到了無現金化和零售業的例子，不過其他產業應該也同樣適用。

我們從美中大型科技企業遭遇逆風的脈絡中，可以學到信賴、**信用**、**社會性和可持續性**、**對隱私權的顧慮等**。若是如此，這些正是我們本來就具有的美德，或許可以由此殺出活路吧。

我們在追求數位轉型時，要根據的並非「提高生產力」或「結構性人手不足」這些企業方的邏輯，而是應該要完全依據提高顧客的便利性和體驗而重新安排，也就是**真正以顧客想要的東西為立足點**來推動數位轉型。

策略的要義

在本書的最後，要來談談策略的要義。

本書所使用的五因子方法是根據《孫子兵法》的整體結構，我以下圖來解釋這個結構。

《孫子兵法》中有一句名言：「不戰而屈人之兵。」「不戰而屈人之兵」既是孫子兵法的本質，也是許多人殷切盼望的事。

不過如果詳讀《孫子兵法》，就會知道想要「不戰而屈人之兵」的話，一定要實際上做到「防患未然」「提高國力」「戰無不勝」的準備，才能夠儲備力量。

《孫子兵法》的整體結構

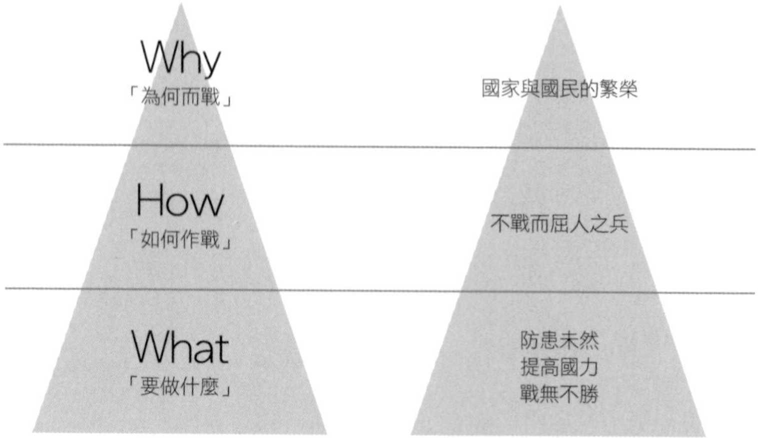

而且最上位的概念還是「Why：為何而戰」，即所謂的道和任務。

讓我們把這些套用到現在的國家和企業的狀況。

首先，如果只是在旁邊看就能夠「不戰而屈人之兵」，這是不可能的。一方面要持續準備「防患未然」「提高國力」「戰無不勝」以儲備能力，而和這同樣重要的，則是要明確的釐清世界樣貌，我們在其中應有的策略是如何，以及自己的產業和企業應該抱持什麼任務。

現在的美中戰爭只是爭奪各自國家的霸權，完全沒有往這個方向前進。因此，我們應該要率先**從全球的觀點提出「Why：為何而戰」的宏觀構想**，向世界提出要尊重多元性和個性，高舉著實現所有國家和國民繁榮的大旗，以此為目標，**確實準備好「What：要做什麼」**，再以此為基礎，**用「不戰而屈人之兵」的政策**，引領**更多國家和企業一同參與**。

最後，則是要引用《孫子兵法》中最重要的部分、也就是提出「五因子方法」的原型：五事的〈兵者，國之大事〉部分的原文和白話文的翻譯，在此，我要引用的是軍事研究專家戰爭史學者杉之尾宜生教授的《白話文翻譯孫子》（〈現代語訳〉孫子）。我沒有引用商業和管理學者的白話文翻譯，而是使用軍事學者的白話文翻譯，是因為我認為在美中新冷戰中，我們有必要重新認識戰爭的嚴峻。

〔原文〕

孫子曰：兵者，國之大事，死生之地，存亡之道，不可不察也。故經之以五事，校之以計，而索其情。

〔白話文翻譯〕

戰爭，尤其是武力戰爭是國家不可迴避的重要課題。戰爭，尤其是武力戰爭，關係人民的生死和國家的存亡。我等對於尤其是武力戰的戰爭一定要徹底研究。

因此，我們要用五個基礎綱領來驗證自己本身主體的力量，接著再以七項考慮要素來比較敵我雙方的力量。如此便可以探索出彼此力量的真實情況。

我希望本書能幫助更多的企業和個人，以及身處美中新冷戰當中的日本，都能夠眞正做到「不戰而屈人之兵」。

Eurasian Publishing Group 圓神出版事業機構 用心與你對話・視野無限寬廣
先覺出版社 Prophet Press

www.booklife.com.tw　　reader@mail.eurasian.com.tw

商戰 200

全球科技八巨頭GAFA × BATH：
一本書掌握最新產業趨勢，殺出未來活路

作　　者／田中道昭
譯　　者／堯嘉寧
發 行 人／簡志忠
出 版 者／先覺出版股份有限公司
地　　址／台北市南京東路四段50號6樓之1
電　　話／（02）2579-6600・2579-8800・2570-3939
傳　　真／（02）2579-0338・2577-3220・2570-3636
總 編 輯／陳秋月
資深主編／李宛蓁
責任編輯／林亞萱
校　　對／李宛蓁・林亞萱
美術編輯／林雅錚
行銷企畫／詹怡慧・黃惟儂
印務統籌／劉鳳剛・高榮祥
監　　印／高榮祥
排　　版／莊寶鈴
經 銷 商／叩應股份有限公司
郵撥帳號／18707239
法律顧問／圓神出版事業機構法律顧問　蕭雄淋律師
印　　刷／祥峰印刷廠
2020年1月　初版

GAFA×BATH BEICHU MEGATECH NO KYOUSOUSENRYAKU

定價 360 元　　ISBN 978-986-134-352-5　

今天要談論未來，絕對少不了GAFA和BATH。如果同時觀察這八間企業，不僅可以產生問題意識，還能重新感受到自己的任務。

本書不僅希望能爲各位讀者的學習狀態和每天的工作有所助益，也熱切希望能夠對國家、企業的活路多少有點貢獻。

——田中道昭《全球科技八巨頭 GAFA × BATH》

國家圖書館出版品預行編目資料

全球科技八巨頭GAFA×BATH：一本書掌握最新產業趨勢，殺出未來活路／田中道昭著；堯嘉寧譯；-- 初版 -- 臺北市：先覺，2020.01
320 面；14.8×20.8公分 --（商戰系列；200）
譯自：GAFA×BATH 米中メガテックの競争戦略
ISBN 978-986-134-352-5（平裝）
1.科技業 2.中美經貿關係
484　　108019392